SDGs系列講堂

跨越國境的塑膠與環境問題

為下一代打造去塑化地球我們需要做的事！

InfoVisual研究所／著
陳識中／譯

SDGs 系列講堂

跨越國境的塑膠與環境問題

目 次

聯合國永續發展目標網站：
https://www.un.org/sustainabledevelopment/

part 4 塑膠回收的現狀

part 5 邁向去塑化生活的道路

part 6 塑膠的軌跡和社會的變化

前言

別讓地球被人類製造的萬能材料
塑膠給淹沒

我們人類的遙遠先祖第一次學會把石頭當成工具使用，是距今３００萬年前的事。在那之後，人類開始利用身邊的物品，製造出各式各樣的工具。他們削尖石頭和木頭製造長矛和斧頭、剝下動物的毛皮在嚴寒中保護自己、用泥土捏出器皿、加工金屬和玻璃——諸如此類，藉著巧妙利用自然界的各種材料，人類演化出了一條與其他生物截然不同的道路。

然而，有個在短短１００年間超越了所有天然素材的新材料忽然誕生了。這種人工材料最早在19世紀被發明，並在20世紀中期一口氣普及。它，就是塑膠。

塑膠比金屬輕盈，能像陶器一樣塑形，又不像紙一樣易破，可以變成任何形狀，而且價格低廉無論是誰都買得起。但儘管塑膠擁有無數優點，卻有一個巨大的毛病。那就是跟天然材料不一樣，塑膠無法被大自然分解，回歸塵土。人類，無意間發明了一種對地球環境極度燙手的物質。

「如果無法找到分解的鑰匙，我們終有一天將被塑膠吞沒。」——布拉格裝飾藝術博物館。

這是１９７３年於捷克斯洛伐克（現在的捷克）的布拉格裝飾藝術博物館舉辦的「設計與塑膠」展導覽手冊上印的一句話。可見早在距今約半個世紀前，就已經有人為塑膠帶來的危害敲響警鐘。然而，當時大多數人的眼中只看到快速誕生的各種塑膠產品為日常生活帶來的便利。

這個警鐘第二次被敲響，是在１９９０年代初期。海鳥誤食流入海洋的塑膠原料，海龜把塑膠袋誤認成水母吃進肚子而斃命——諸如此類現在網路上屢見不鮮的新聞開始在電視上報導。因為這些事件，塑膠產業開始製作防範

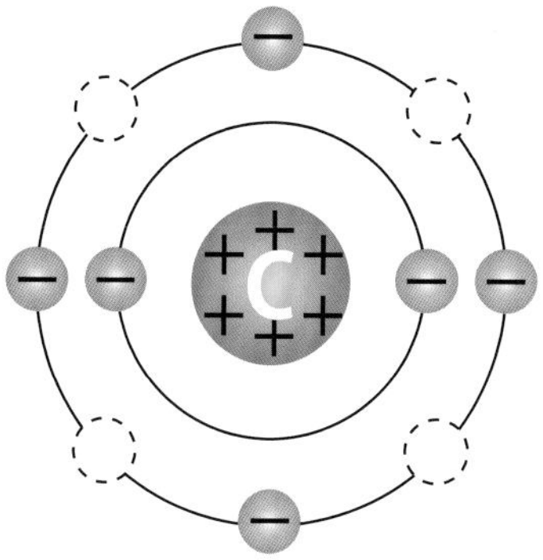

指南，防止塑膠原料在生產過程中流入海洋。也是從這個時候開始，「對地球友善的生活方式」開始成為許多人的共識，引起了一波資源回收熱潮。然而，不知不覺間人們逐漸淡忘塑膠對海洋生物的危害。

然後時間到了現在，驀然回首，我們已完全被塑膠所掩埋。現代人的身邊隨處可見塑膠製品，不論是買什麼東西，都一定包有平均12分鐘就會被丟進垃圾桶的塑膠容器或包裝。不知不覺間，我們已經完全習慣了用完就丟的便利性，習慣了每天囤積滿滿一袋的塑膠後拿去丟，丟完之後又重新開始囤積的生活。

於是，那些漂流在海上的塑膠垃圾，也變成了巨大的問題再次進入我們的視野。與１９９０年代警鐘第一次敲響時不同，由於網路的普及，發生在遙遠海洋上的事件感覺起來變得更加切身，我們才總算明白自己的生活與大海是緊密相連的。現在全球各地都開始著手解決海洋垃圾問題，聯合國也制訂「永續發展目標（ＳＤＧｓ）」，呼籲成員國防治海洋汙染並大幅減少將廢棄物排入大海。要避免美麗的海洋、寶貴的地球被塑膠淹沒，現在的我們該做什麼呢？

本書將用圖解的方式介紹塑膠對地球環境的影響、如何用資源回收的方式解決塑膠垃圾問題及其替代方案，以及塑膠在現代社會的功能和地位。期盼本書能幫助大家對歷史尚淺的塑膠材料有更多的認識和了解，並成為各位思考何種生活方式對環境更友善的契機。

有49.8億噸
被掩埋或投棄
約相當於10億輛
可載5噸垃圾的垃圾車
把這些垃圾車排成一列，
差不多可來回月球6.5趟以上
經有很多
丟到大海了。

part 1

世界正面臨塑膠危機①

全球生產的塑膠有83億噸，其中大半被當成垃圾丟棄

66年來的資源回收率僅有9%

2017年，美國研究團隊公布的一項報告震驚了全世界。過去從未掌握具體數字的全球塑膠生產量以及它們最後的去處，第一次被公布在世人面前。

儘管現在我們的生活已經到處充滿塑膠，但塑膠產品真正開始大規模生產，是在1950年代中期。根據這項調查，塑膠的生產量在1950年時約為200萬公噸，隨後每年都在增加，到2015年時年產量已來到4億7000萬噸。若繼續按照這個速度增加，預計2050年時數字將高達16億噸。與此同時，被丟棄的塑膠也同樣持續增加，在2015年時有高達3億200萬噸的塑膠被丟棄。

然後研究團隊又進一步算出，至2015年為止，人類在66年間一共生產了83億噸的塑膠。其中有63億噸被當成垃圾拋

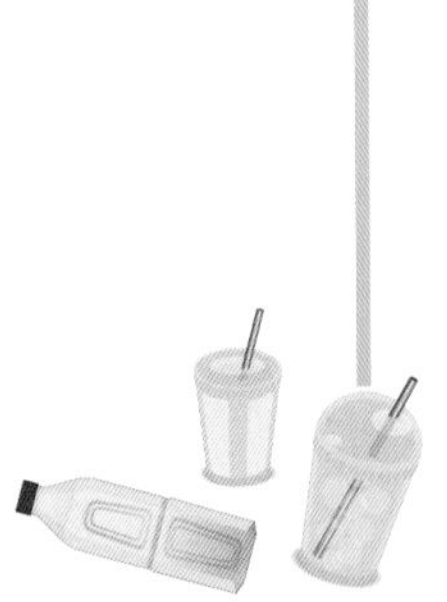

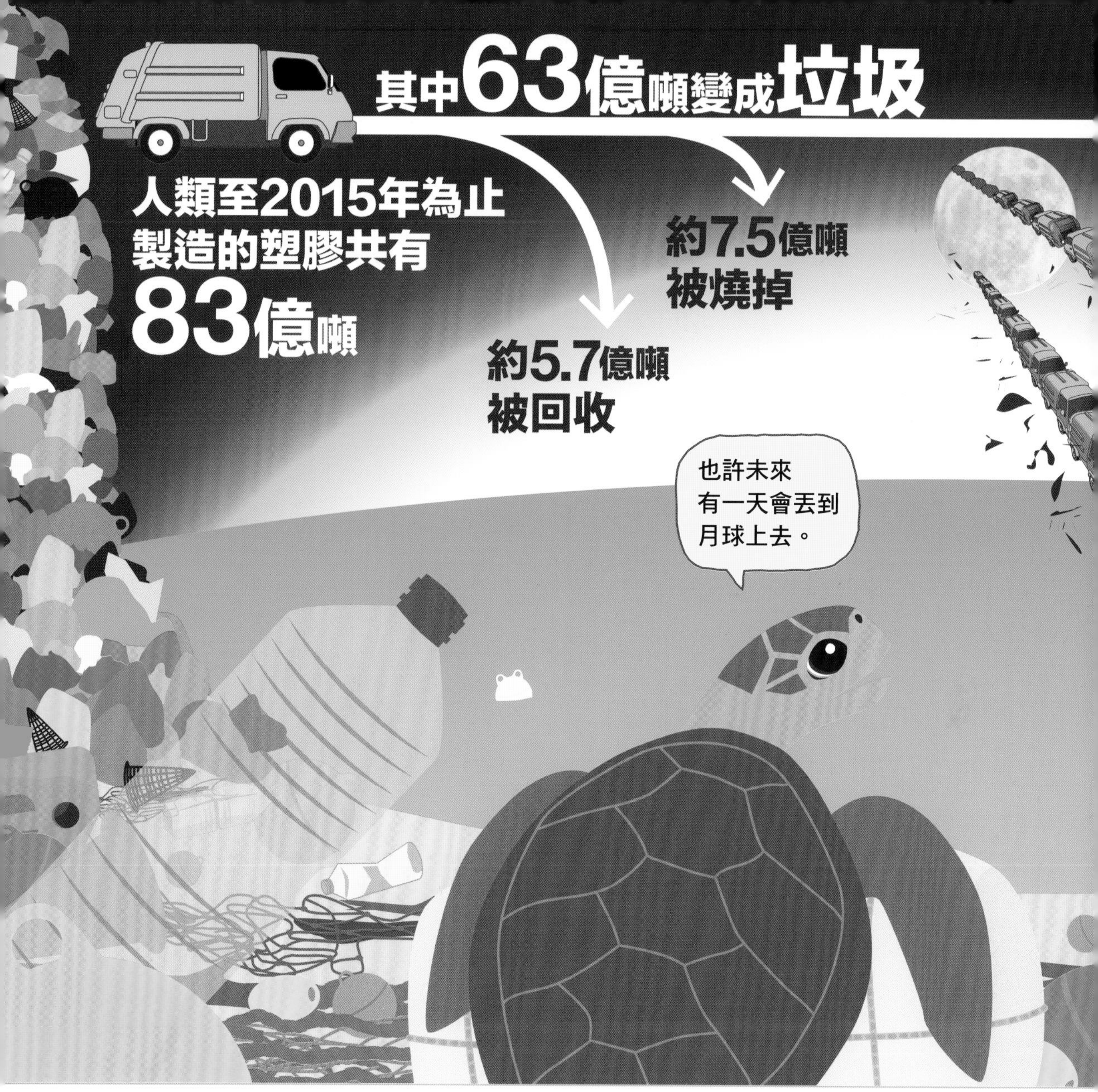
其中63億噸變成垃圾
人類至2015年為止製造的塑膠共有83億噸
約7.5億噸被燒掉
約5.7億噸被回收
也許未來有一天會丟到月球上去。

棄。而且被拋棄的塑膠垃圾中，僅僅9%有回收處理，其餘12%被燃燒，79%則是被掩埋或是直接投棄。

塑膠雖然被投入很多用途，但它們並不像鋼鐵一樣被長期使用，有一半不到4年就被當成垃圾丟棄。不僅如此，一次性產品的激增，也導致塑膠的生產量和拋棄量大幅上升。

該調查報告也提出警告，若按照這個速度，到了2050年將有120億噸的塑膠垃圾以掩埋、投棄的形式被丟入自然界。人工製造的塑膠不同於天然材料，無法回歸土壤，可能對自然環境造成不良的影響。而下一頁的海洋塑膠垃圾問題，就是其中一個用肉眼就能看到的不良影響。

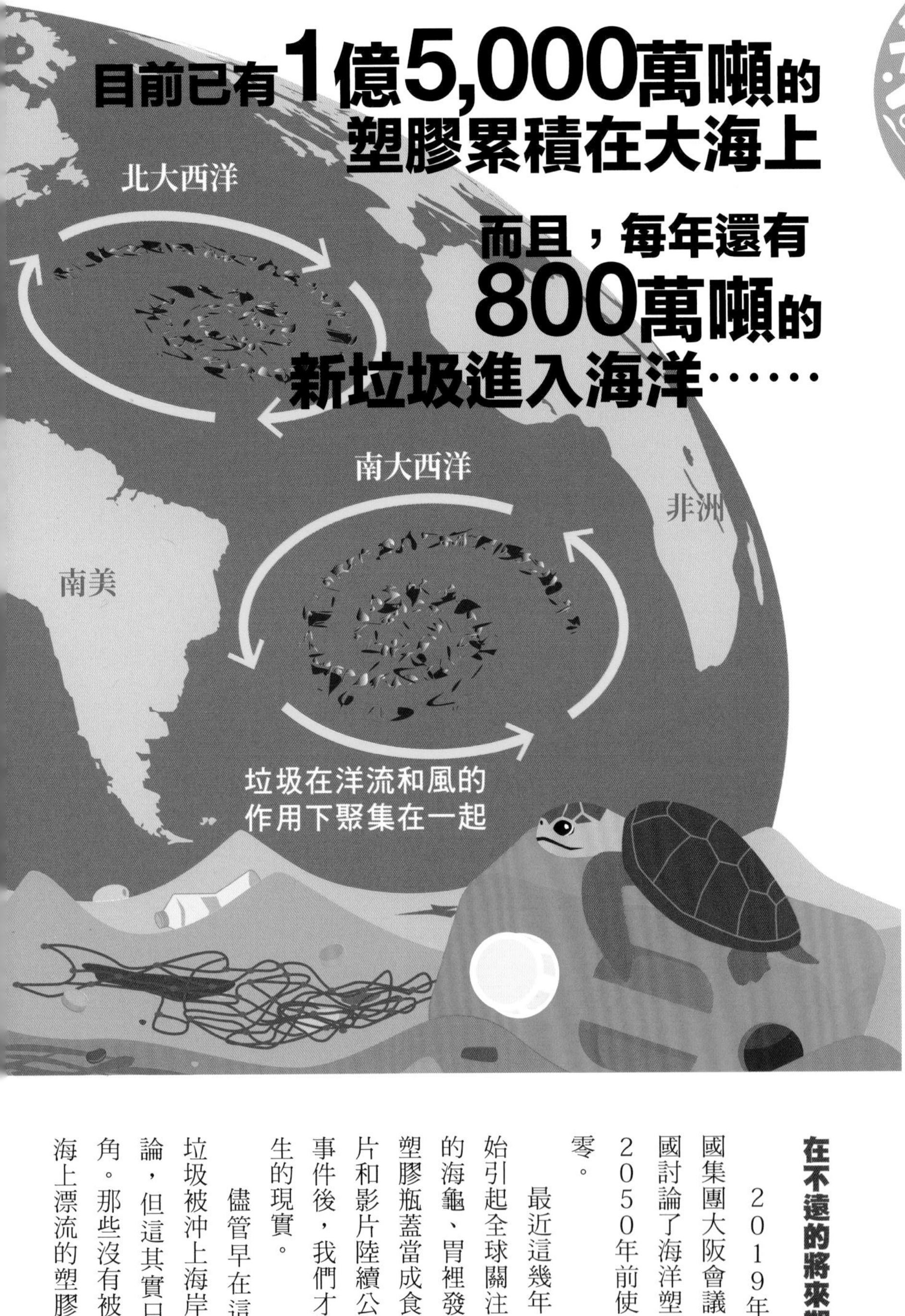
目前已有1億5,000萬噸的
塑膠累積在大海上
而且，每年還有
800萬噸的
新垃圾進入海洋……
北大西洋
南大西洋
非洲
南美
垃圾在洋流和風的
作用下聚集在一起

part 1

世界正面臨塑膠危機②

等到2050年就太遲了！海洋塑膠垃圾問題

在不遠的將來塑膠垃圾會比魚還多!?

2019年6月，在日本舉行的二十國集團大阪會議（G20大阪高峰會）上，各國討論了海洋塑膠垃圾問題，宣布將致力在2050年前使排入大海的新塑膠垃圾量歸零。

最近這幾年，汙染海洋的塑膠垃圾才開始引起全球關注。被塑膠製漁網纏繞而痛苦的海龜、胃裡發現大量塑膠袋的鯨魚、誤將塑膠瓶蓋當成食物的海鳥，直到血淋淋的照片和影片陸續公布，揭露了這些令人震撼的事件後，我們才終於知道正在遙遠海洋上發生的現實。

儘管早在這之前，就已有大量的塑膠垃圾被沖上海岸，好幾次引起環境汙染的討論，但這其實只是海洋塑膠問題的冰山一角。那些沒有被沖上海岸，乘著洋流持續在海上漂流的塑膠垃圾遠比被沖上岸的還多得

塑膠垃圾從河川流入海洋

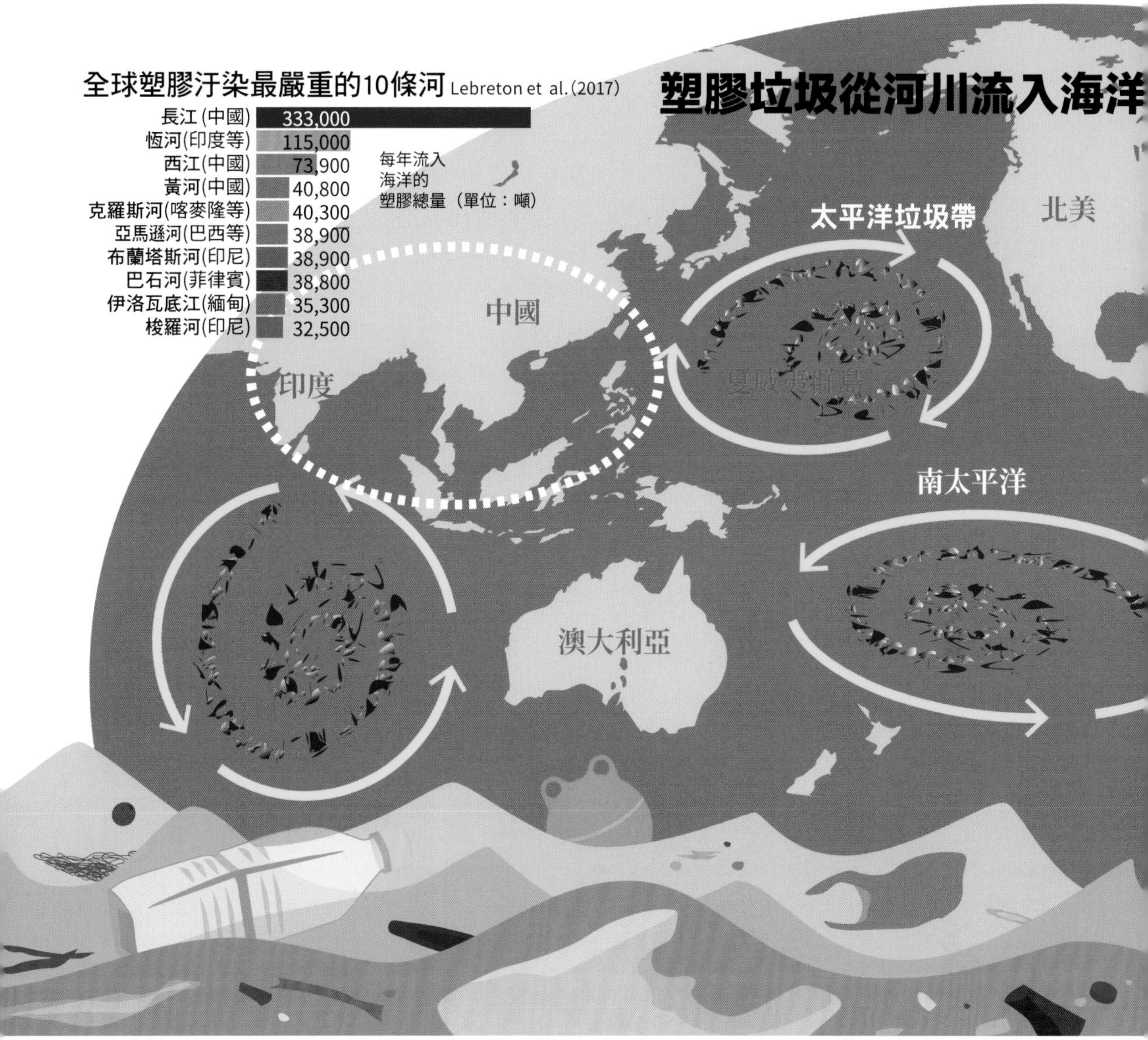

全球塑膠汙染最嚴重的10條河 Lebreton et al.(2017)
長江(中國) 333,000
恆河(印度等) 115,000
西江(中國) 73,900
黃河(中國) 40,800
克羅斯河(喀麥隆等) 40,300
亞馬遜河(巴西等) 38,900
布蘭塔斯河(印尼) 38,900
巴石河(菲律賓) 38,800
伊洛瓦底江(緬甸) 35,300
梭羅河(印尼) 32,500
每年流入
海洋的
塑膠總量（單位：噸）
太平洋垃圾帶
北美
中國
印度
夏威夷群島
南太平洋
澳大利亞

多，而且這些塑膠會隨著時間碎裂，變成俗稱塑膠微粒（P40）的小型顆粒，對海洋生物造成不良的影響。

而從北極到南極，幾乎所有的海域都已發現諸如此類的塑膠垃圾。其中尤以美國加州和夏威夷之間的海域，因為環形的洋流而聚集了大量塑膠垃圾，被稱為「太平洋垃圾帶」。如同上面的地圖所示，日本近海也受到相同的影響。

海洋垃圾大半都來自未受到妥善處理就被丟棄，從陸地流入海洋的塑膠垃圾。其中約有8成是透過河流等從亞洲各國排放，必須盡快找出解決之策。

全球排入海洋的塑膠垃圾，每年估計有800萬噸。根據研究，按照這個速度，到了2050年海洋塑膠垃圾的總量就會超過海洋中的魚類總量。也難怪各界都在擔心，開頭提到的G20高峰會訂定的「2050年前」這個目標實在太過溫吞。

part
1

中國禁止塑膠進口揭露的現實，先進國家正在輸出垃圾!!

１９９０年代以後，部分亞洲和非洲的國家為了彌補國內資源不足，開始從外國輸入廢棄物。其中尤以中國為最大的廢棄物進口國。

２０１６年被輸出到中國的塑膠垃圾總計有７１３萬噸。按國別來看，扣掉輸出中轉地的香港，就以日本的84萬噸最多，其次則是美國的69萬噸，再來是德國、比利時、澳大利亞、加拿大等先進國家。換言之，塑膠消費量高的先進國家長年習慣把自己國家製造的垃圾丟給其他國家回收。

而在中國於２０１８年禁止進口塑膠垃圾後，過去賣給中國的大量塑膠垃圾便轉往馬來西亞、泰國、越南等東南亞國家。然而，這些國家也具有危機意識，也跟著接連宣布限制洋垃圾進口。在亞洲各國紛紛拒絕成為先進國家的垃圾場後，先進國家被迫面對日益膨脹的塑膠垃圾問題。

浮上檯面的塑膠垃圾推卸惡習

中國在２０１７年突然宣布將在年底禁止從外國輸入塑膠等廢棄物。長久以來不斷向中國輸出塑膠垃圾的國家因為沒人可以幫收垃圾，一下子慌了手腳。

由於這次的「塑膠雷曼危機」，我們才終於發現資源回收的真相。２０１６年日本製造的塑膠垃圾約有８９９萬噸。其中在國內回收為塑膠原料的比例不到1成。剩下的垃圾約有80萬噸直接輸出到中國，約50萬噸間接經由香港進入中國內地，換言之總計有１３０萬噸被賣到中國，由中國人來回收。

中國輸出塑膠垃圾的國家
TOP5 (2016年)
No.1 日本
84萬噸
No.2 美國
69萬噸
No.3 泰國
43萬噸
No.4 德國
39萬噸
No.5 比利時
32萬噸

※不包含香港（178萬噸）。一般認為泰國第3名是因為將部分從先進國家進口的垃圾轉賣給中國。
參考：Our World in Date

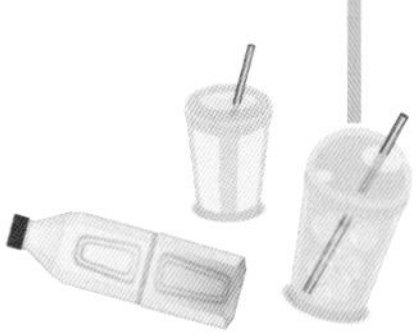

然而
在2018年後
中國決定禁止
進口塑膠垃圾
PLASTIC CHINA
中國
不是世界的
垃圾場
過去中國
每年接收了
全球
45%的
塑膠垃圾，
約713萬噸
例如
日本回收的
60萬噸寶特瓶，
有20萬噸
被賣到中國去
《塑料王國》
描寫全球第一塑膠垃圾進口國——中國現狀的紀錄片。該片記錄了一間貧窮的小回收廠處理塑膠垃圾的真實情形。透過住在那裡的一個家庭，揭露了惡劣的工作環境和塑膠回收的陰暗面。
中國的決定
導致塑膠垃圾
轉往東南亞
亞洲
不是先進
國家的
垃圾場
我找到
有花樣的塑膠包包！
很可愛吧！
太好了，
要好好珍惜喔。

part 1

世界正面臨塑膠危機④

快速增加的一次性包裝垃圾，竟有3成以上流進自然界!?

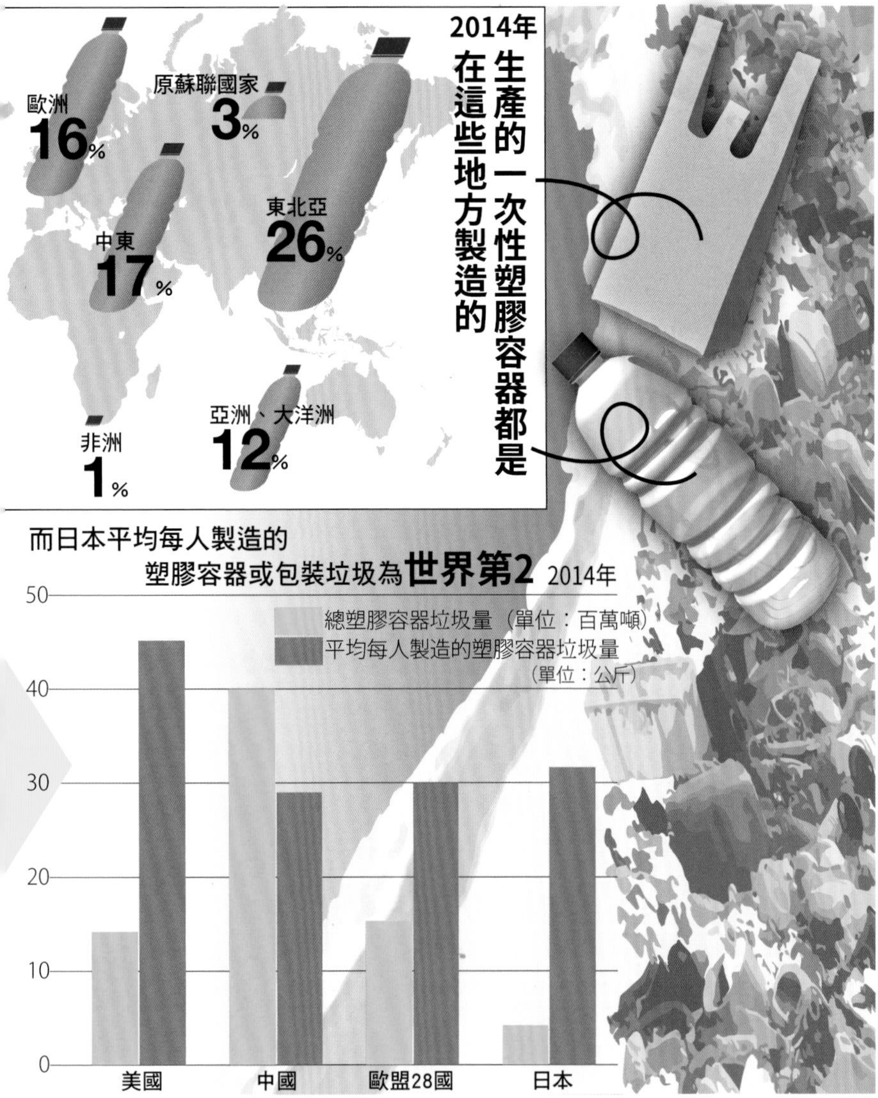

2014年
生產的一次性塑膠容器都是在這些地方製造的
歐洲 16%
原蘇聯國家 3%
東北亞 26%
中東 17%
亞洲、大洋洲 12%
非洲 1%
而日本平均每人製造的塑膠容器或包裝垃圾為世界第2 2014年
總塑膠容器垃圾量（單位：百萬噸）
平均每人製造的塑膠容器垃圾量（單位：公斤）
50
40
30
20
10
0
美國
中國
歐盟28國
日本

日本是全球第2大塑膠包裝垃圾製造國

根據計算，人類有史以來生產的塑膠，約有一半是在21世紀製造的。其中飲料寶特瓶、寶特瓶蓋、餐盤、商品包膜、塑膠袋等用於容器或包裝的塑膠，更是展現了驚人的成長率。

左頁上方是2015年總量約4億噸的塑膠分門別類後的比例圖。其中占比最大的為36％，占全體3分之1的，正是容器包裝類。

這些容器和包裝用塑膠主要用於商品的運輸、保存、以及衛生管理，在現代生活中每天都一定會看到。然而，這些東西絕大多數都是用完即丟，在製造出來的一年內就會變成垃圾。因此產量愈高，自然垃圾量也愈多。

同樣是2015年，約有3億噸的塑膠變成垃圾，其中容器包裝所占的比例更高達

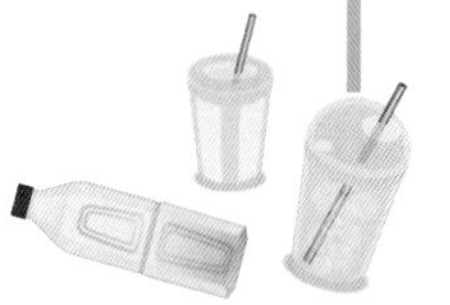

參考：SINGLE-USE PLASTICS
A Roadmap for Sustainability

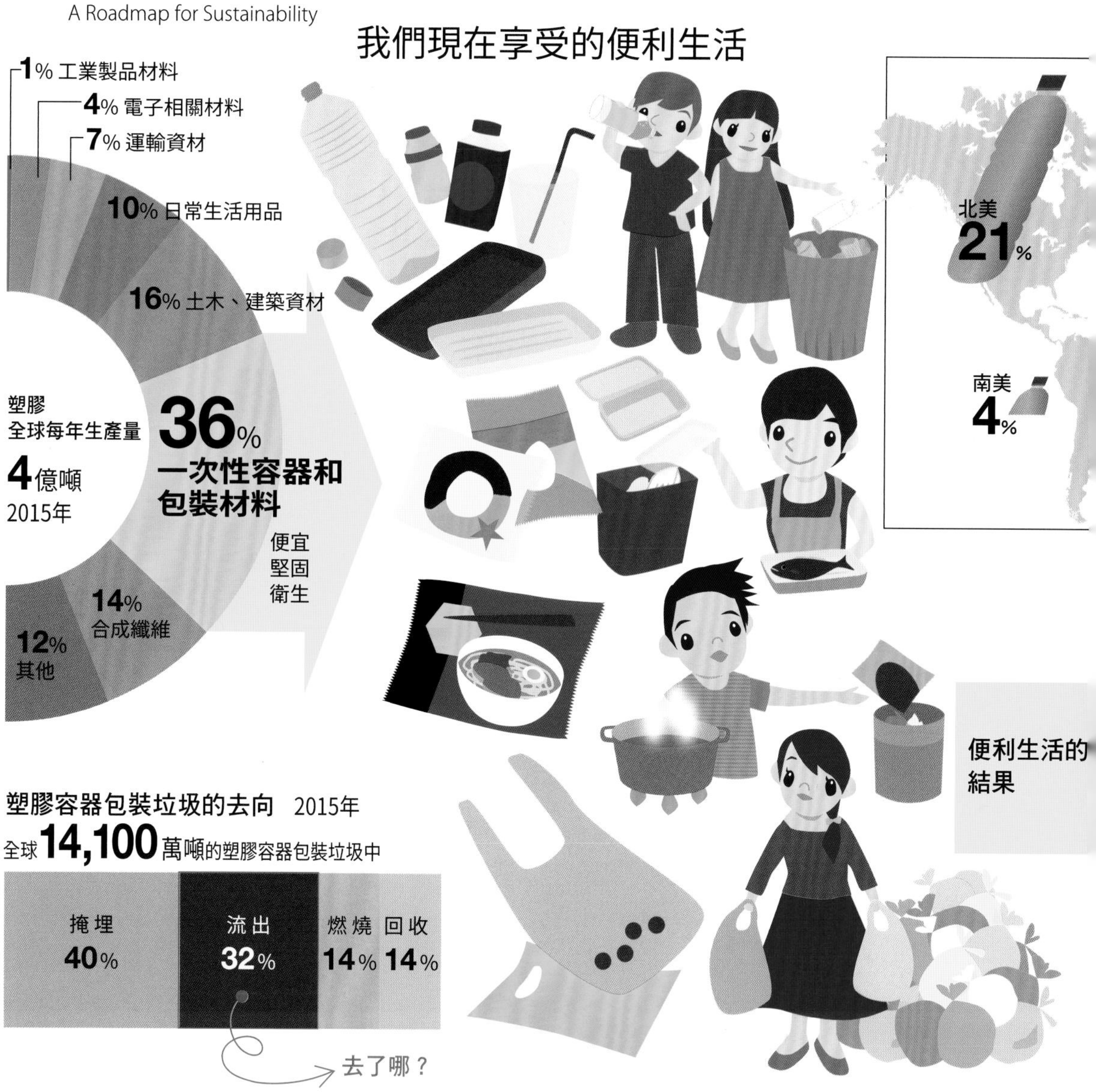
我們現在享受的便利生活
1% 工業製品材料
4% 電子相關材料
7% 運輸資材
10% 日常生活用品
16% 土木、建築資材
塑膠
全球每年生產量
4億噸
2015年
36%
一次性容器和
包裝材料
便宜
堅固
衛生
14%
合成纖維
12%
其他
北美
21%
南美
4%
便利生活的
結果
塑膠容器包裝垃圾的去向 2015年
全球14,100萬噸的塑膠容器包裝垃圾中
掩埋
40%
流出
32%
燃燒
14%
回收
14%
去了哪？

47%。

按國別來看，容器包裝用的塑膠垃圾製造總量最多的是中國。但若換算成平均每人製造的量，那麼日本將是全球第二，僅次於美國。日本幾乎每年都被拿出來批評的過度包裝問題，用數字來表示的話就是這個結果。

然而真正構成問題的是這些垃圾的去向。2015年全世界的容器包裝塑膠垃圾中，僅有14%被回收再利用。剩下86%扣除掩埋和燃燒後，竟還有32%是被「流出」的。

容器和包裝垃圾的重量很輕，可輕易被風吹走，尤其塑膠袋就像氣球一樣，可以乘風飛到比想像中更遙遠的地方。而且它們的壽命也很長，有些數百年甚至千年都不會被分解。而這些流走的垃圾有些堆積在土壤內，有些則飄到了海洋中。海洋塑膠垃圾的來源之一，正是這些漂流的塑膠垃圾。

呼應聯合國的永續發展目標，世界各國開始限制塑膠袋

先進國家選擇收費，開發中國家選擇禁止

在2015年9月舉行的「聯合國永續發展峰會」上，加盟聯合國的193個國家達成共識，公布了須在2030年前達成的「永續發展目標（SDGs：Sustainable Development Goals）」行動綱要。

其中一項目標就是「在2030年前大幅減少廢棄物的製造」。呼應這項目標，各國開始推動不同政策，以減少塑膠垃圾的產生。

其中最廣泛的做法，是規定超市和超商不得免費提供塑膠袋。全球每年消耗的塑膠袋數量高達1兆～5兆個。光是日本一年就會使用300億～500億個塑膠袋。未經適當處理的塑膠袋是造成海洋汙染的主因之一，因此早在2000年代初，就已經有國家開始限制塑膠袋。

左邊的地圖用顏色標示了目前已禁止塑膠袋，或是規定消費者必須付費購買塑膠袋的國家或地區。由這張地圖可看出許多國家都已推出某種程度的管制措施。

然而，在平均每人製造的容器包裝垃圾世界第一的美國，仍只有部分州禁止塑膠袋。而位居第二的日本，儘管部分的超市已自主對塑膠袋收費，但由於遭到業界的抗議，目前仍未能通過有強制性的法令。但是，世界的潮流無法違背，預定在2020年7月舉行的東京奧運已實施塑膠袋收費。

另一方面，管制最為嚴格的地區則是非洲。在肯亞和坦尚尼亞，包含一次性塑膠袋在內，所有種類的塑膠袋都禁止製造、進口、販賣、使用，違反者會被處以罰金和有期徒刑。

整體來說，先進國家大多採用收費制，而亞洲、非洲的開發中國家則大多採取更嚴格的禁止政策。不過開發中國家也有開發中國家的隱患，關於這部分我們會在P34詳細介紹。

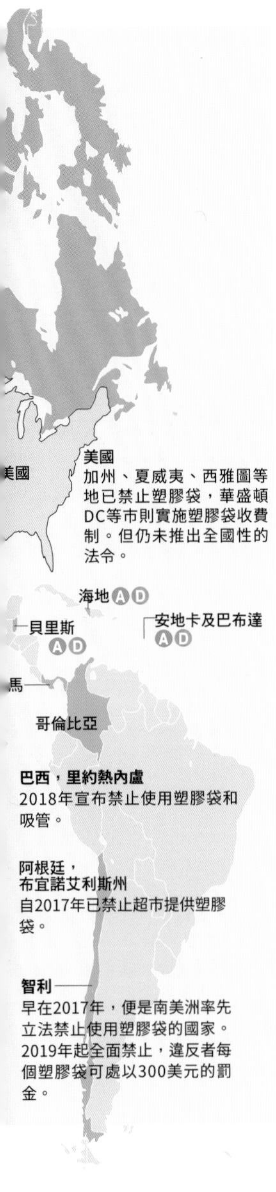
美國
美國
加州、夏威夷、西雅圖等地已禁止塑膠袋，華盛頓DC等市則實施塑膠袋收費制。但仍未推出全國性的法令。
海地 A D
貝里斯 A D
安地卡及巴布達 A D
馬
哥倫比亞
巴西，里約熱內盧
2018年宣布禁止使用塑膠袋和吸管。
阿根廷，布宜諾艾利斯州
自2017年已禁止超市提供塑膠袋。
智利
早在2017年，便是南美洲率先立法禁止使用塑膠袋的國家。2019年起全面禁止，違反者每個塑膠袋可處以300美元的罰金。

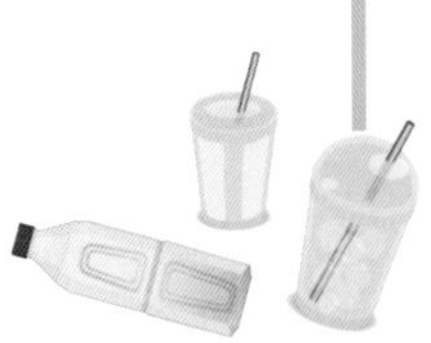

已禁止或管制一次性塑膠製品的國家和地區

丹麥
歐盟
歐盟理事會已通過要求所有成員國必須在2021年前禁止一次性塑膠製品流通的法案。
愛沙尼亞
拉脫維亞
立陶宛
英國 E
荷蘭
愛爾蘭
德國
波蘭
捷克
比利時
斯洛伐克
奧地利
D
法國
匈牙利
斯洛維尼亞
羅馬尼亞
克羅埃西亞
保加利亞
葡萄牙
義大利
西班牙
希臘
馬爾他
塞普勒斯
以色列
摩洛哥
突尼西亞
A 維德角
茅利塔尼亞
馬利
尼日
甘比亞
塞內加爾
厄利垂亞
布吉納法索
貝南
奈及利亞
索馬利亞
衣索比亞
幾內亞比索
喀麥隆
烏干達
象牙海岸
盧安達
肯亞
剛果共和國
坦尚尼亞
馬拉威
尚比亞
D 辛巴威
波札那
莫三比克
南非
模里西斯 A
蒙古
中國
印度
不丹
孟加拉
斯里蘭卡
印度
2019年，印度宣布自聖雄甘地的誕辰10月2日起，全面禁止塑膠袋等6種塑膠製品。
日本
南韓
這兩個塑膠大國何時才要開始禁止呢？
台灣 D E
菲律賓
在蒙廷盧帕、昆頌市等多數都市，已自主實施禁止塑膠袋的政令。
越南
A 帛琉
巴布紐幾內亞
印尼
墨西哥，墨西哥市
墨西哥市議會宣布自2020年起禁止塑膠袋，自2021年起禁止塑膠吸管和塑膠餐具。
A D 馬紹爾群島
萬那杜 A D E
斐濟群島 B
澳大利亞
2018年全州皆禁止塑膠袋。在2025年前還將禁止塑膠包裝。
紐西蘭
2019年7月開始禁止使用一次性塑膠袋。所有零售業都禁止贈送塑膠袋，違反者最高可處以約170萬台幣的罰金。
加拿

參考SINGLE-USE PLASTICS Roadmap for Sustainability、日本貿易振興機構（JETRO）的地區分析報告等製作

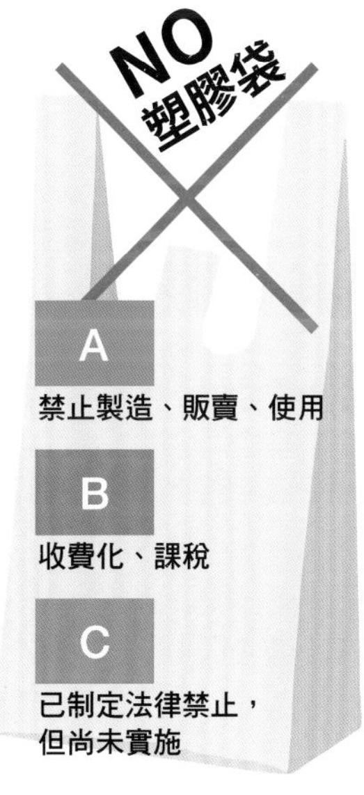

NO 塑膠袋
A
禁止製造、販賣、使用
B
收費化、課稅
C
已制定法律禁止，但尚未實施

孟加拉是世界第一個禁止的國家

由於1988年大洪水的起因之一便是大量被丟棄塑膠袋堵住了排水管，因此孟加拉早在2002便成為全球第一個禁止使用塑膠袋的國家。

在坦尚尼亞違法會吃牢飯

製造、進口塑膠袋最高可處以約1,100萬台幣的罰金或2年以下有期徒刑，就連使用也最高可處約2,200元台幣的罰金。

肯亞也有罰則

製造、販賣塑膠袋可處最長4年的有期徒刑或約100萬台幣的罰金。

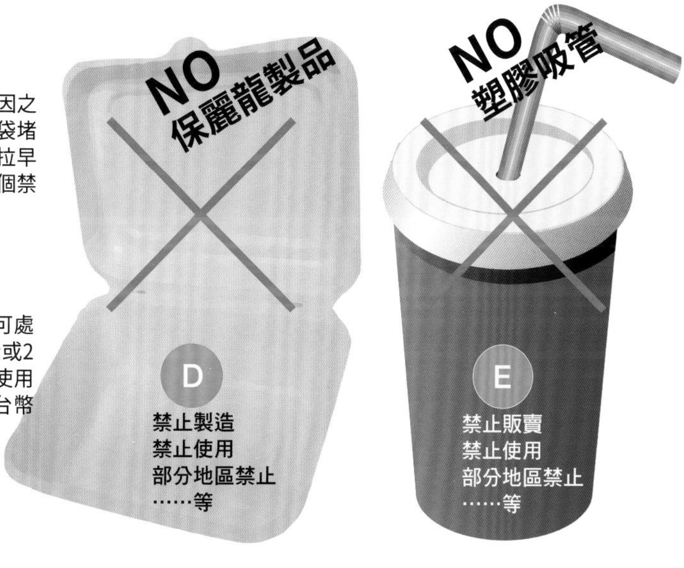

NO 保麗龍製品
D
禁止製造
禁止使用
部分地區禁止
……等
NO 塑膠吸管
E
禁止販賣
禁止使用
部分地區禁止
……等

part 1

已經無法回到沒塑膠的生活!? 我們生活的現實

通用塑膠的主要類型

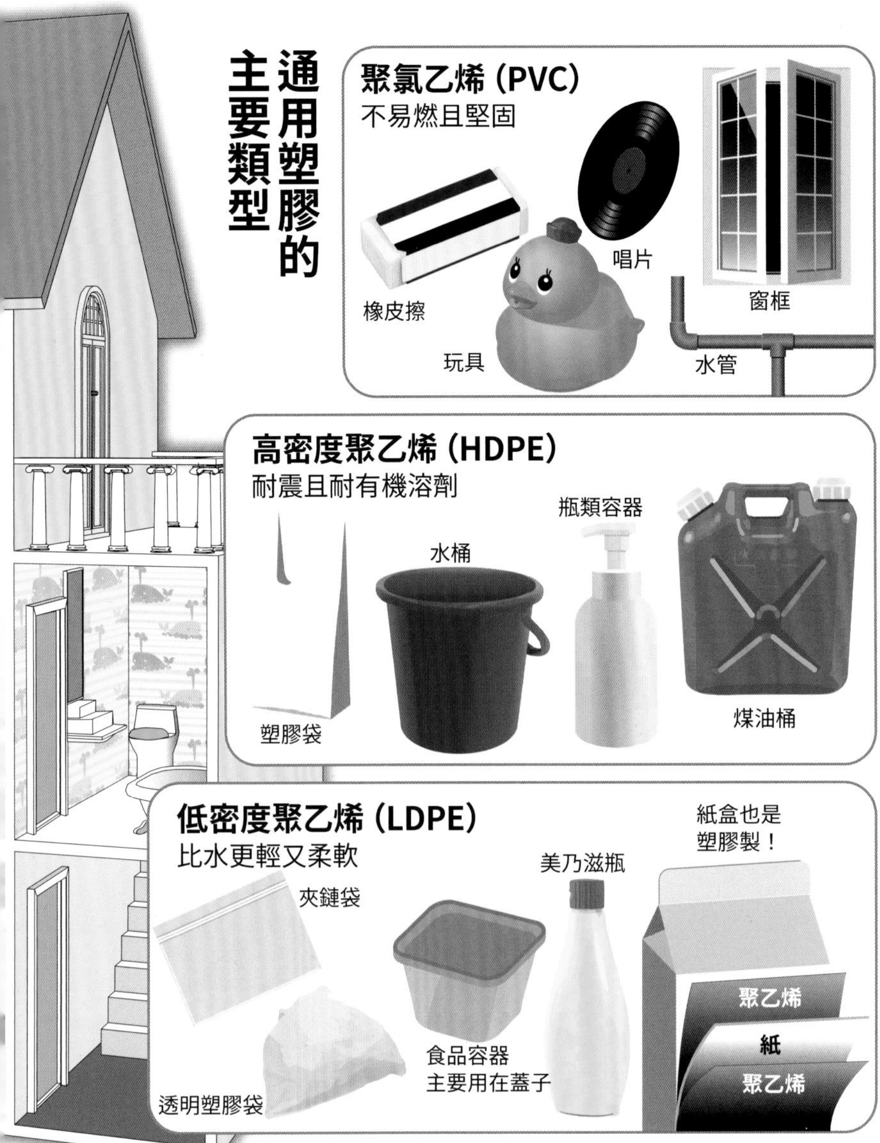
聚氯乙烯（PVC）
不易燃且堅固
唱片
窗框
橡皮擦
玩具
水管
高密度聚乙烯（HDPE）
耐震且耐有機溶劑
瓶類容器
水桶
塑膠袋
煤油桶
低密度聚乙烯（LDPE）
比水更輕又柔軟
紙盒也是
塑膠製！
美乃滋瓶
夾鏈袋
聚乙烯
紙
聚乙烯
食品容器
主要用在蓋子
透明塑膠袋

家裡全是塑膠

一如前文所述，塑膠在全世界造成了各式各樣的問題。因此近年愈來愈多人開始關注去塑化的生活方式。

然而，我們真的有能完全不用到塑膠度過一天的生活嗎？大家可以看看自己四周。我們身上穿的衣服使用了各種不同的合成纖維，這也是塑膠的一種。書桌上的原子筆、橡皮擦、直尺等，大多數的文具也都是塑膠製品。還有電腦、手機、CD、DVD也是用塑膠做的。

來到廚房，更是到處都是塑膠產品。仔細看看你家盛裝食物的容器底部和保鮮膜吧，應該會在上面找到PE、PP等的材料標示才對。這些開頭有「P」的材料，大多都是塑膠家族的成員。而用來裝飲料的寶特瓶上標的「PET」也是聚對苯二甲酸乙二酯的縮寫。

被塑膠環繞
多采多姿的美好生活

聚丙烯（PP）
有光澤，不易燃

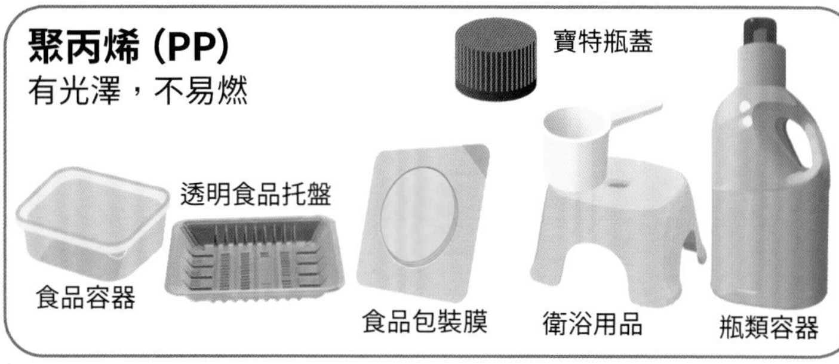
寶特瓶蓋
透明食品托盤
食品容器
食品包裝膜
衛浴用品
瓶類容器

聚苯乙烯（PS）
抗菌且防水

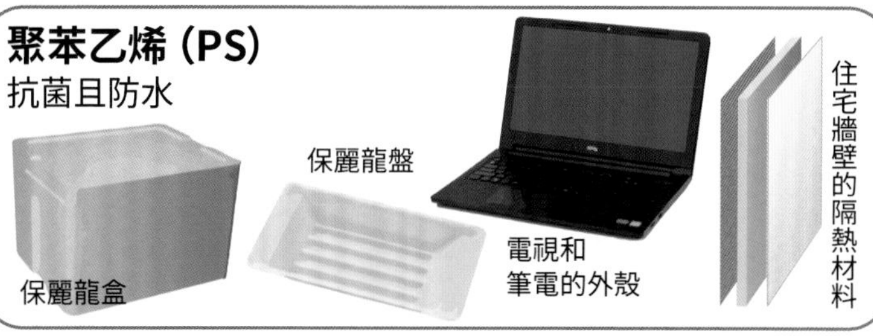
保麗龍盤
保麗龍盒
電視和
筆電的外殼
住宅牆壁的隔熱材料

聚對苯二甲酸乙二酯（PET）
透明且堅固

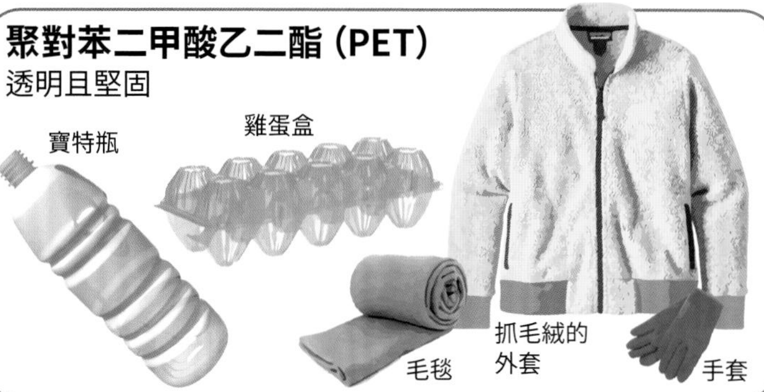
寶特瓶
雞蛋盒
抓毛絨的
外套
毛毯
手套

冰箱、吸塵器、洗衣機、電視等家電產品也都是塑膠製品。還有其他家具也不例外。既有全塑膠製的衣架子，也有像桌子這種只有桌面等只有一部分用到塑膠的產品。

不僅如此，就連我們住的房子本身也塞滿了塑膠。浴缸、洗臉台、牆壁、天花板、地板、乃至水管，到處都用了不同種類的塑膠。

出門買東西時，要找到沒有用塑膠外盒包裝的商品簡直難如登天。因此每買一樣東西，我們就會多製造一件塑膠垃圾。

現代人之所以會用到這麼多塑膠，是因為塑膠既輕盈又堅固，還容易加工，又很便宜，擁有很多優點。因此現在全世界都在認真地摸索探討與這種用起來方便，但丟掉後卻會造成大麻煩的材料的相處之道。

沒有塑膠就無法存在的產業界，大量的塑膠垃圾都有妥善處理嗎？

日本每年製造903萬噸塑膠垃圾

從我們身邊的日用品，到汽車和飛機的零件、電子零件、醫療機械組件、建築材料、甚至是太空火箭，現在幾乎所有產業都會用到塑膠。而這些大量的塑膠最後全都會變成廢棄物。

光看日本，2017年一年排放的廢塑料總量就有903萬噸。其中來自家庭的一般廢棄物有418萬噸（46.3％），工業廢棄物有485萬噸（53.7％）。

工業廢棄物來自工廠和營業所，通常會被賣給專門處理垃圾的回收業者。如果這些垃圾都有得到適當的回收、處理的話倒還無所謂，但全球各地都經常發生非法丟棄的問題。日本直到幾年前也經常有不肖業者非法丟棄，且處理這種惡劣的非法丟棄往往需要龐大的開銷。

農業和漁業塑膠的盲點

令人意外地，現在就連農業和漁業也充斥塑膠材料。因為塑膠即使放在戶外的嚴苛環境也不會腐爛、生鏽，而且質地輕巧，非常耐用。然而，在自然環境中使用的塑膠，如果隨意放置不理的話將會產生危險。

在農業領域，溫室、覆土物（用來覆蓋土壤的塑膠布）、苗盆、保護作物用紗網等等都含有塑膠成分。若這些東西被風吹走或是被遺忘在農地理，就會汙染環境。

而在漁業，漁船的船身、漁網、釣竿、繩索、搬運用的容器等器材如果不慎掉入海裡，或是刻意丟棄在海中，基本上都是不可能回收的。實際上，這些也被認為是海洋塑膠垃圾的來源之一，關於這部分的詳細內容請參考P36。

人類為因應各種需求而發明了很多種塑膠

譬如為滿足以下需求

- 代替絲綢的材料
- 不會皺又容易乾的纖維
- 代替皮革的材料
- 代替羊毛的材料
- 代替玻璃的材料
- 不易破裂又耐熱
- 透明又不易刮傷
- 可承受100°C以上高溫的材料
- 可耐超高溫的材料

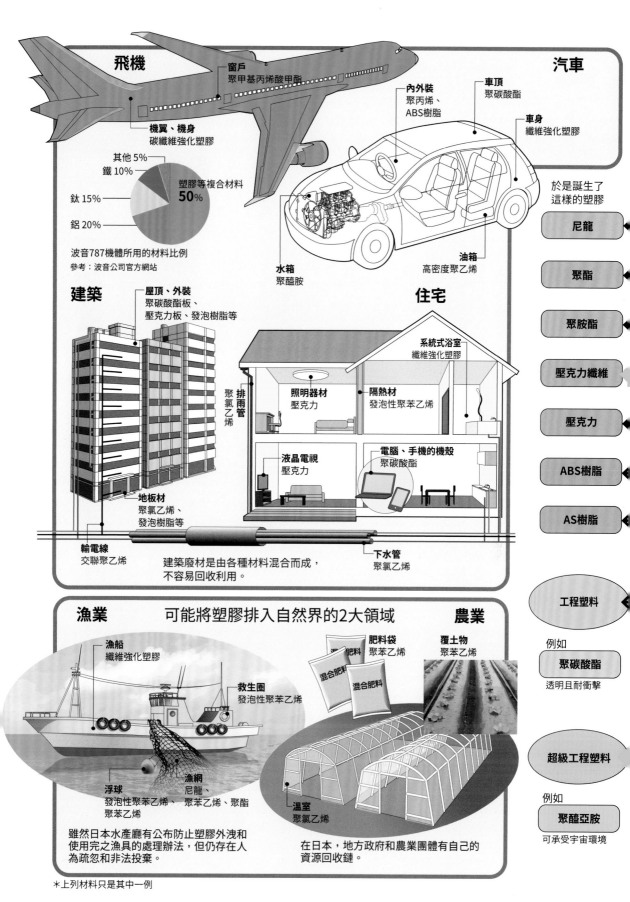

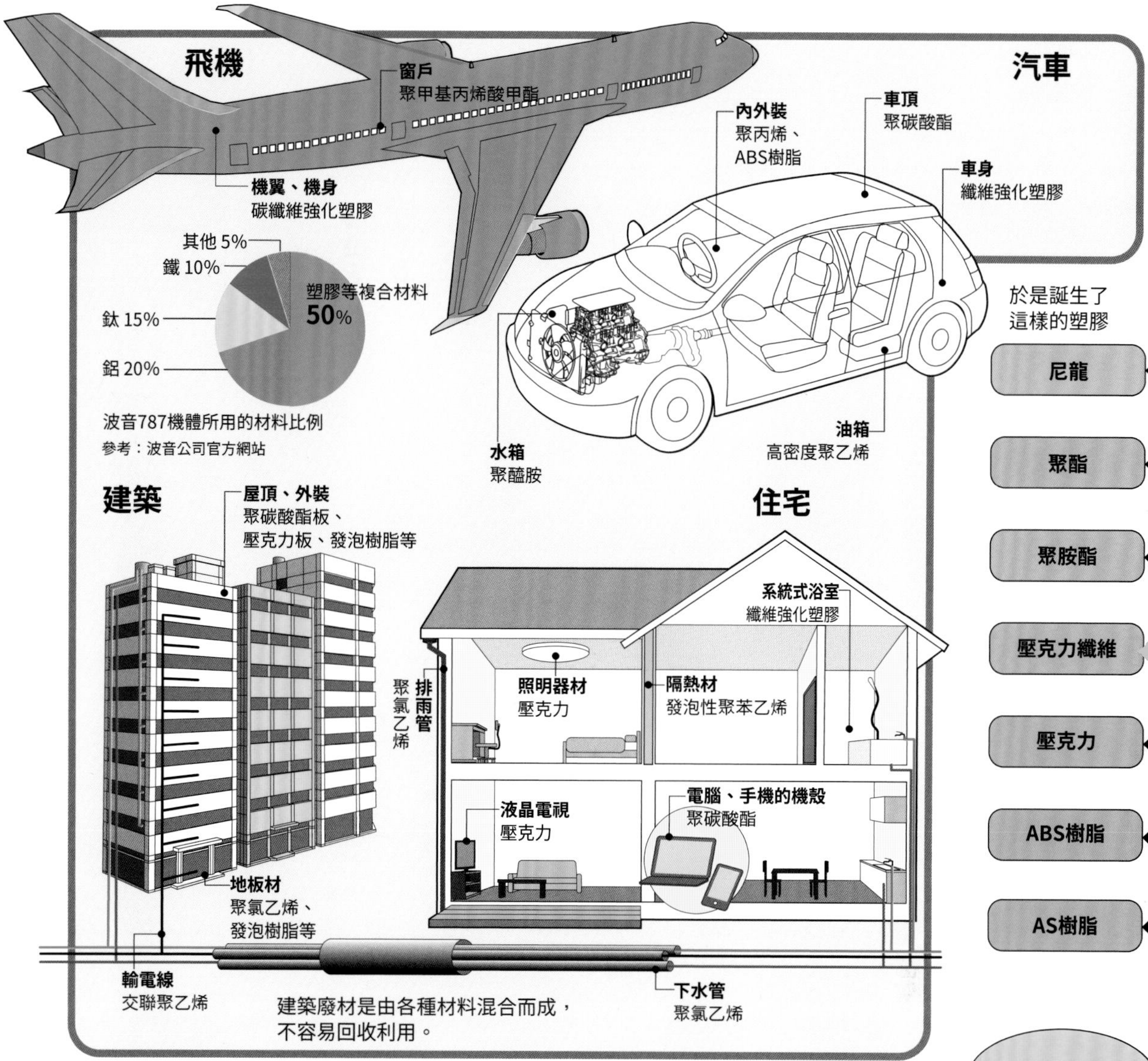

飛機
窗戶
聚甲基丙烯酸甲酯
機翼、機身
碳纖維強化塑膠
其他 5%
鐵 10%
鈦 15%
鋁 20%
塑膠等複合材料
50%
波音787機體所用的材料比例
參考：波音公司官方網站
汽車
內外裝
聚丙烯、
ABS樹脂
車頂
聚碳酸酯
車身
纖維強化塑膠
水箱
聚醯胺
油箱
高密度聚乙烯
建築
屋頂、外裝
聚碳酸酯板、
壓克力板、發泡樹脂等
地板材
聚氯乙烯、
發泡樹脂等
輸電線
交聯聚乙烯
建築廢材是由各種材料混合而成，
不容易回收利用。
住宅
排雨管
聚氯乙烯
系統式浴室
纖維強化塑膠
照明器材
壓克力
隔熱材
發泡性聚苯乙烯
液晶電視
壓克力
電腦、手機的機殼
聚碳酸酯
下水管
聚氯乙烯

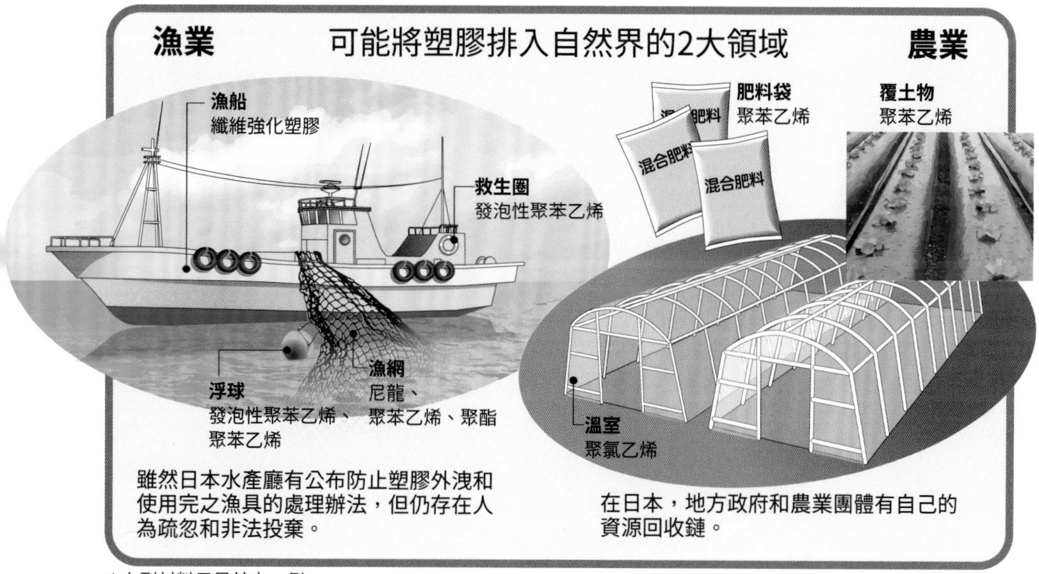

可能將塑膠排入自然界的2大領域
漁業
漁船
纖維強化塑膠
救生圈
發泡性聚苯乙烯
浮球
發泡性聚苯乙烯、
聚苯乙烯
漁網
尼龍、
聚苯乙烯、聚酯
雖然日本水產廳有公布防止塑膠外洩和
使用完之漁具的處理辦法，但仍存在人
為疏忽和非法投棄。
農業
肥料袋
聚苯乙烯
混合肥料
覆土物
聚苯乙烯
溫室
聚氯乙烯
在日本，地方政府和農業團體有自己的
資源回收鏈。

於是誕生了
這樣的塑膠

尼龍

聚酯

聚胺酯

壓克力纖維

壓克力

ABS樹脂

AS樹脂

工程塑料

例如

聚碳酸酯

透明且耐衝擊

超級工程塑料

例如

聚醯亞胺

可承受宇宙環境

＊上列材料只是其中一例

人類利用碳和氫組合出塑膠

塑膠為什麼不會腐爛?

塑膠之所以會成為世界性問題，是因為它無法被自然分解回歸塵土。正因為這種「不會腐爛」的特性，塑膠被用來製造水管，方便長時間埋在地下，但一旦變成廢棄物，這項優點就變成了缺點。無法被分解，長期殘留在自然界，就會汙染環境，擾亂生態系。

塑膠不能被分解的原因，長期以來被認為是由於自然界不存在能分解塑膠這種人工合成物的微生物。儘管近年科學家發現了能分解特定幾種塑膠的微生物，但分解的速度極為緩慢，無法當成垃圾問題的解方。

事實上，塑膠開始在家庭中普及也不過是短短70年前的事。而塑膠的壽命據信高達數百年、數千年，要親眼見證塑膠的死亡難如登天。

來自石油的碳氫煉金術

塑膠這個名詞源自希臘語的形容詞Plastikos，意思是「可以塑形」。這個詞原本是用來描述黏土或石膏等可自由塑形的材料特性。直到20世紀後，這個詞才像現代這樣被用來稱呼特定的人造材料。

塑膠又叫「合成樹脂」。所謂的樹脂（resin）一詞原本指的是由植物分泌，諸如松脂一類的物質。樹脂具有黏性，可以塑形後凝固，換言之具有可塑性。而由於塑膠的性質很類似樹脂，所以才出現了合成樹脂這個相對於天然樹脂的詞彙，但嚴格來說，塑膠並不是樹脂。

塑膠的原料是石油。由於石油的組成元素幾乎只有碳和氫，因此塑膠也同樣是由碳和氫組成。含有碳元素的化合物俗稱碳化合物，除了一部分例外之外，碳化合物又可稱為有機化合物，而生物體也是有機化合物的一種。這可能會讓人感到有些意外，但塑膠並不是無機物，而跟人體一樣是有機的。

碳這種原子是合成化合物的天才，可以跟其他原子結合，產生無數種不同的化合物。尤其碳和氫的組合被認為有無限多種，只要稍稍改變一點化學結構，就能產生性質迥異的化合物。而各種不同種類的塑膠，正是利用這點製造的人工物質。

為了具備思考塑膠問題的基本知識，從下一頁開始，就讓我們來看看塑膠的化學性質吧。

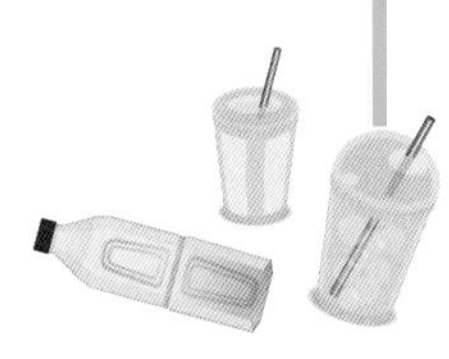

塑膠誕生自石油。一起來認識塑膠的生產過程吧

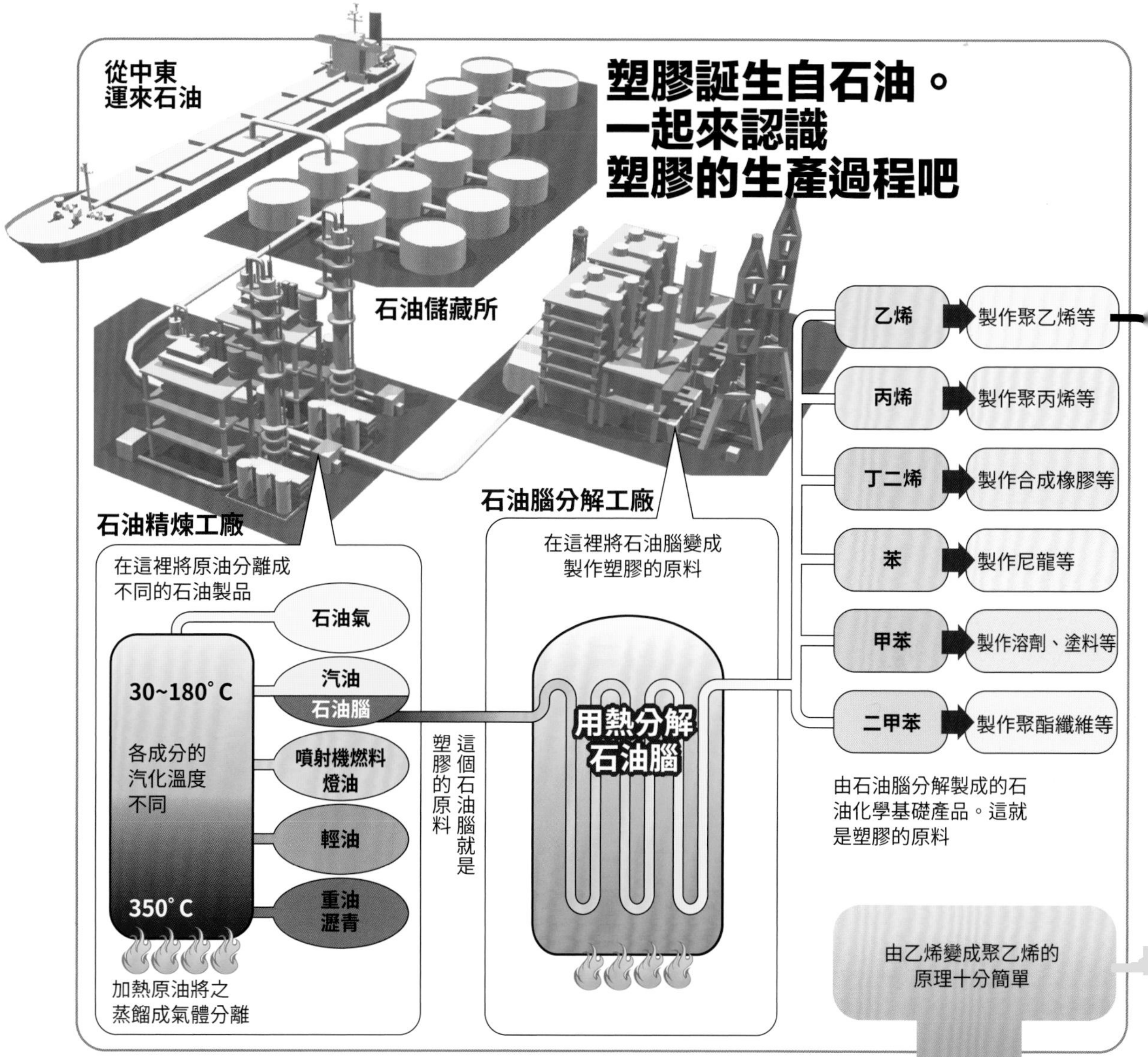

從中東
運來石油
石油儲藏所
石油精煉工廠
在這裡將原油分離成
不同的石油製品
石油氣
30~180°C
汽油
石油腦
各成分的
汽化溫度
不同
噴射機燃料
燈油
輕油
350°C
重油
瀝青
加熱原油將之
蒸餾成氣體分離
這個石油腦就是塑膠的原料
石油腦分解工廠
在這裡將石油腦變成
製作塑膠的原料
用熱分解
石油腦
乙烯
製作聚乙烯等
丙烯
製作聚丙烯等
丁二烯
製作合成橡膠等
苯
製作尼龍等
甲苯
製作溶劑、塗料等
二甲苯
製作聚酯纖維等
由石油腦分解製成的石
油化學基礎產品。這就
是塑膠的原料
由乙烯變成聚乙烯的
原理十分簡單

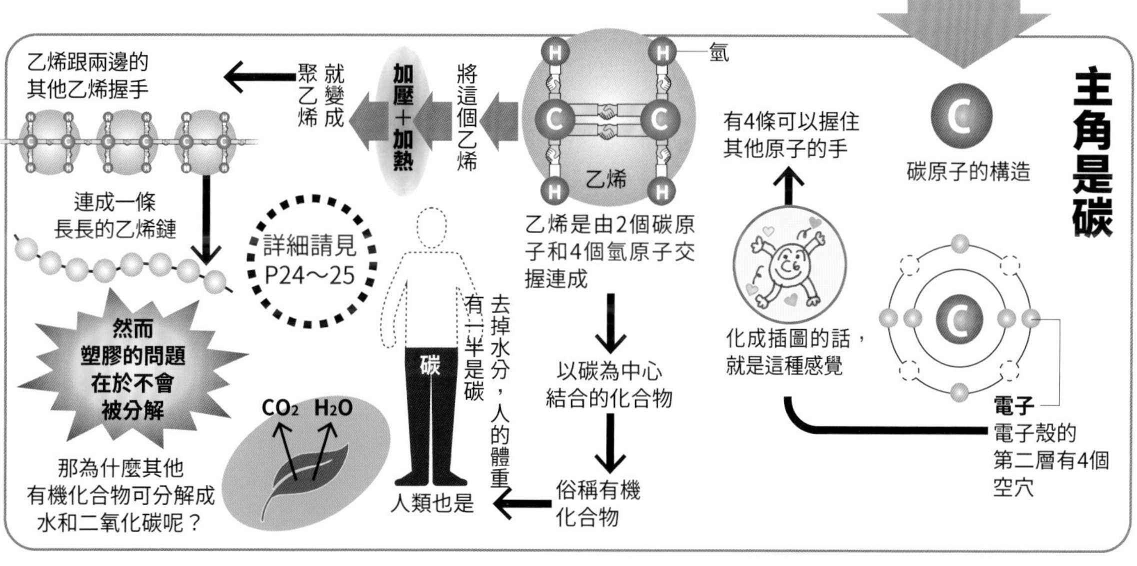

主角是碳
碳原子的構造
電子
電子殼的
第二層有4個
空穴
有4條可以握住
其他原子的手
化成插圖的話，
就是這種感覺
氫
乙烯
乙烯是由2個碳原
子和4個氫原子交
握連成
以碳為中心
結合的化合物
俗稱有機
化合物
將這個乙烯
加壓＋加熱
就變成聚乙烯
乙烯跟兩邊的
其他乙烯握手
連成一條
長長的乙烯鏈
詳細請見
P24～25
去掉水分，人的體重有一半是碳
碳
人類也是
然而
塑膠的問題
在於不會
被分解
CO_2 H_2O
那為什麼其他
有機化合物可分解成
水和二氧化碳呢？

塑膠可依性質分為熱塑性塑膠與熱固性塑膠

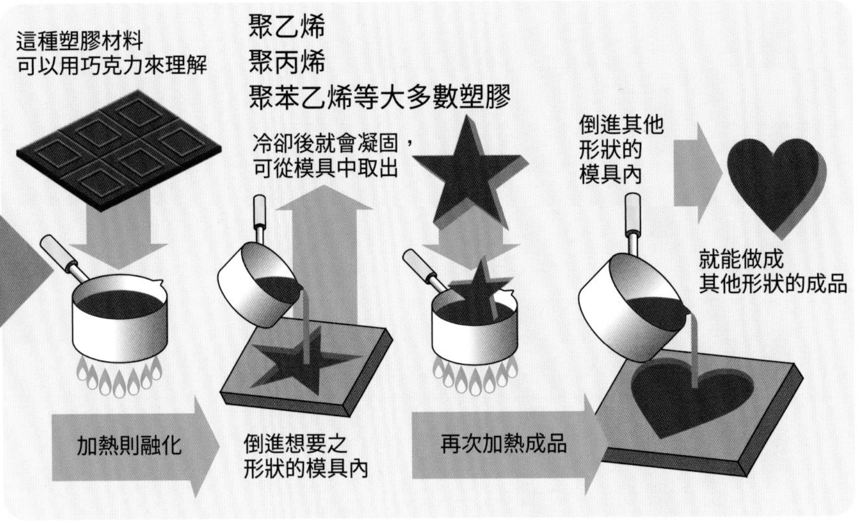
這種塑膠材料
可以用巧克力來理解
聚乙烯
聚丙烯
聚苯乙烯等大多數塑膠
冷卻後就會凝固，
可從模具中取出
倒進其他
形狀的
模具內
就能做成
其他形狀的成品
加熱則融化
倒進想要之
形狀的模具內
再次加熱成品

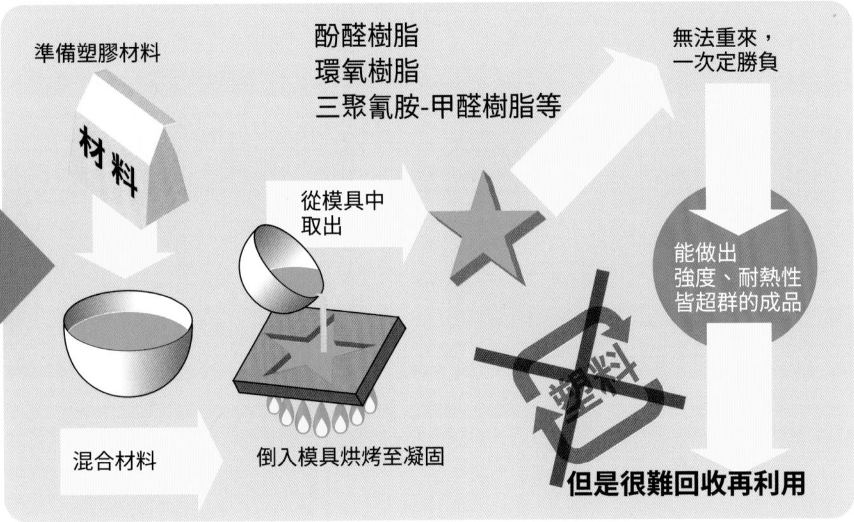
準備塑膠材料
材料
酚醛樹脂
環氧樹脂
三聚氰胺-甲醛樹脂等
無法重來，
一次定勝負
從模具中
取出
能做出
強度、耐熱性
皆超群的成品
混合材料
倒入模具烘烤至凝固
但是很難回收再利用

可以重新塑形無數次的熱塑性塑膠

前面說過，塑膠具有可以塑造成想要的形狀後再凝固的可塑性，但並非所有塑膠都具有半永久的可塑性。

塑膠可大致分成兩個種類。第一種是「熱塑性」塑膠，另一種是「熱固性」塑膠。

熱塑性塑膠只要加熱就會變軟，冷卻就會凝固。因此熱塑性塑膠可以無限次融化再重新塑形。這種性質常常被比喻成巧克力。因為巧克力也可以融化後再倒進模具內，冷卻凝固成想要的形狀。而且凝固後的巧克力還可以重新融化，再做成其他形狀。不論加熱融化多少次，巧克力依然是巧克力。

而我們日常生活中最常用到的幾種塑膠，像是聚乙烯、聚丙烯、聚氯乙烯等都屬於熱塑性塑膠。若你哪天不小心把某個廚房用具放在微波爐旁，結果發現它自己變形的

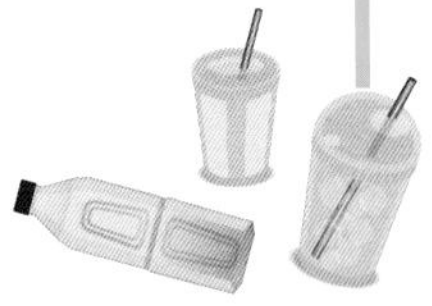

塑膠的2種製作方法

常被比喻成巧克力的
熱塑性塑膠

常被比喻成餅乾的
熱固性塑膠

Plastic
工房
這次就做烏龜形狀吧！

plastic源自希臘語的
plastikos「可塑形的」

烤過後就完成囉！
好～

話，那它百分之百是熱塑性塑膠做的。

不可回收的熱固性塑膠

另一方面，熱固性塑膠遇熱後會發生化學反應而變硬，而且一旦凝固後就再也無法復原。這種性質跟餅乾很像。餅乾也是把材料混合加熱後就會凝固。然而把餅乾拿回烤箱重烤一遍，也不會融化變回原本的材料。

熱固性塑膠包含史上最早被發明的塑膠酚醛樹脂（貝克萊特），以及環氧樹脂、三聚氰胺-甲醛樹脂等。熱固性塑膠因為其加熱也不會融化的優點，被用來製造鍋子和平底鍋的握把，以及汽車和飛機的機身等有耐熱性需求的產品。

不過，這個優點同時也是缺點。一旦凝固後就無法再次融化，意味著它們也非常難以回收。

所謂的塑膠，就是由多個小分子連成的高分子化合物

把單體連起來變成聚合物

塑膠跟普通的物質究竟有何不同呢？這世上的所有物質都是由分子構成的。而分子本身則是由原子組成的。例如水分子是由2個氫原子和1個氧原子組成，是一種結構非常簡單的小分子。

那麼，我們再來看看塑膠袋等生活中常用的代表性塑膠——聚乙烯的分子結構吧。聚乙烯是一種由2個碳原子和4個氫原子構成的乙烯分子，以人工方式大量串連起來的物質。在化學上，物質的基礎分子（此處為乙烯）叫做「單體（monomer）」，而由多個單體連結而成的物質叫做「聚合物（polymer）」。「mono」就是「一個」，而「poly」就是「很多個」的意思。

所有的塑膠都是由多個單體連成的聚合物。這也是為什麼塑膠的英文名稱開頭大多是「poly」。

而聚乙烯便是一種由大量碳原子和氫原子像鎖鏈一樣串起來的巨大分子。這種又長又巨大的分子俗稱「高分子」。事實上，自然界也存在很多高分子。譬如構成我們身體的蛋白質和DNA等也是高分子。

用加成聚合製造聚乙烯

那麼，聚乙烯究竟是怎樣被人工製造出來的呢？這裡的重點在於化合價。所謂的化合價，簡單來說就是一個原子能握住其他原子的手臂數量。

每種原子的手臂數量是固定不變的，例如氫原子是1條，氧原子是2條。而製作塑膠不可或缺的碳原子則有4條，因此可以跟其他原子用許多不同方式連結，形成五花八門的分子。

左頁的圖是乙烯這種單體變成聚乙烯這種聚合物的過程。乙烯是由2個碳和4個氫組成的，但因為乙烯的2個碳原子還各有一條空出來的手，所以正常狀態下這個碳原子會握手兩次。這在化學上叫做雙鍵，而帶有雙鍵的分子非常容易製成聚合物。

在多個乙烯分子緊密貼近的狀態下施加熱和壓力，乙烯的雙鍵就會鬆開，改跟隔壁分子的碳原子握手。重複幾百、幾千次這個重組過程後，就能製造出聚合物。上述這種讓原子重新握手，連鎖形成聚合物的反應叫做「加成聚合」。聚乙烯、聚氯乙烯、聚丙烯等，就是用加成聚合製造的塑膠。

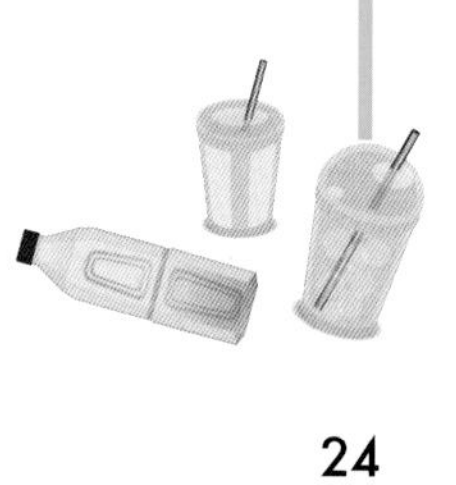

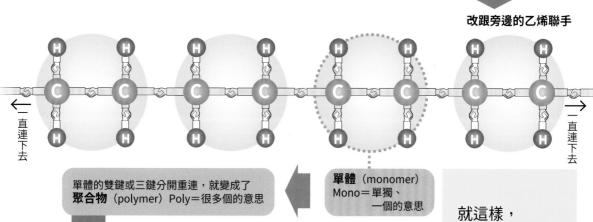

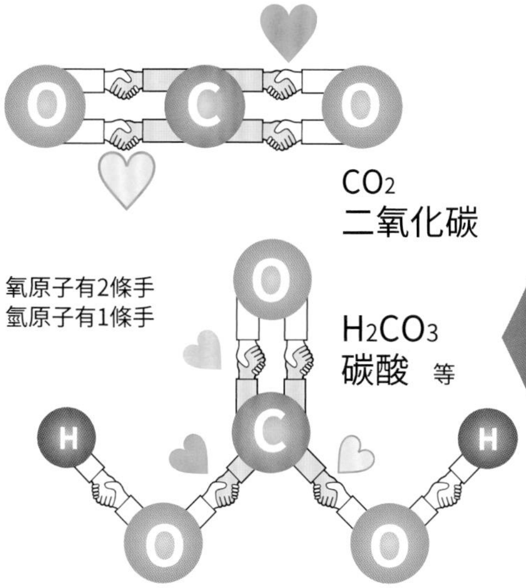
CO_2
二氧化碳
氧原子有2條手
氫原子有1條手
H_2CO_3
碳酸 等

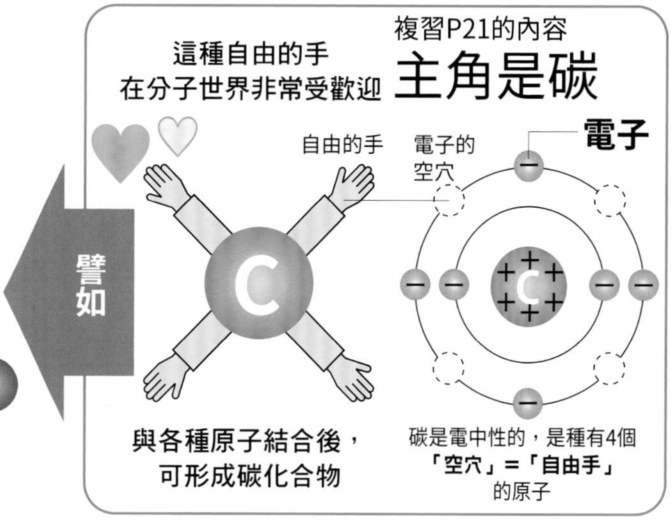
譬如
複習P21的內容
這種自由的手
在分子世界非常受歡迎
主角是碳
自由的手
電子的
空穴
電子
與各種原子結合後，
可形成碳化合物
碳是電中性的，是種有4個
「空穴」=「自由手」
的原子

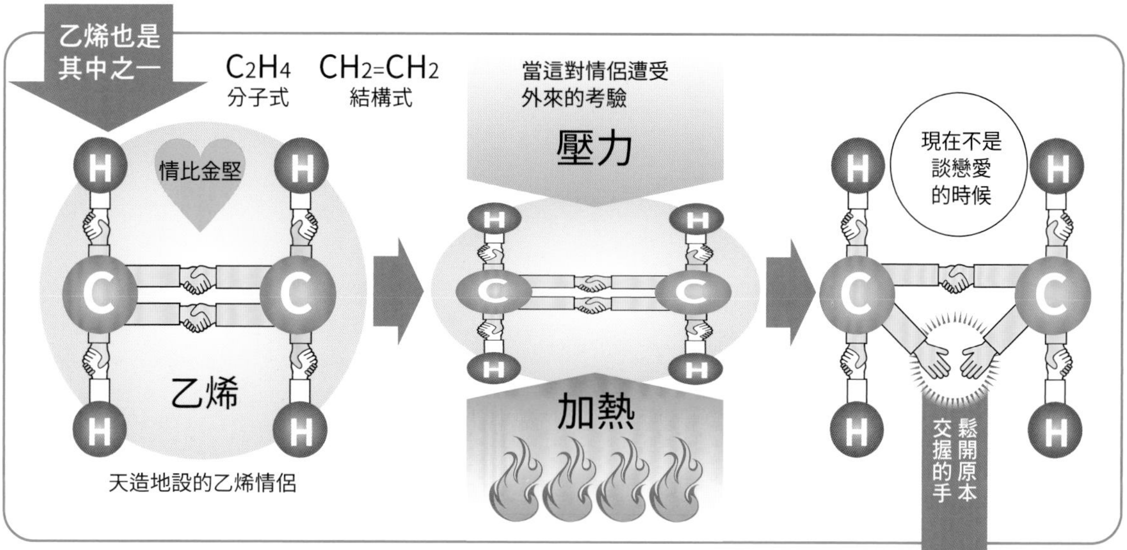
乙烯也是
其中之一
C_2H_4
分子式
$CH_2=CH_2$
結構式
情比金堅
乙烯
天造地設的乙烯情侶
當這對情侶遭受
外來的考驗
壓力
加熱
現在不是
談戀愛
的時候
鬆開原本
交握的手

改跟旁邊的乙烯聯手

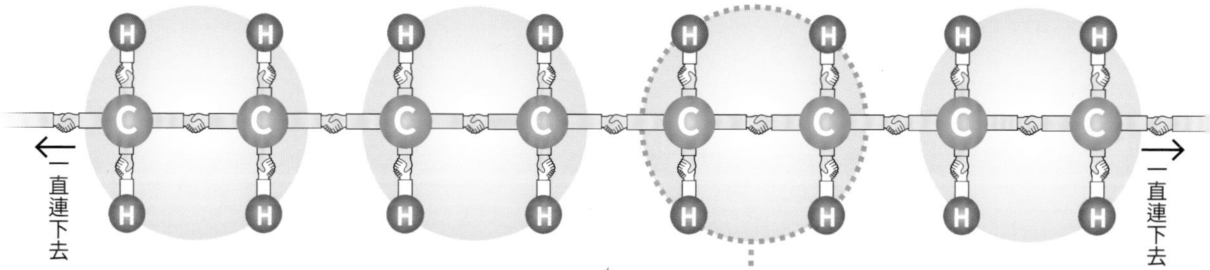
一直連下去
一直連下去

單體（monomer）
Mono＝單獨、
一個的意思

單體的雙鍵或三鍵分開重連，就變成了
聚合物（polymer）Poly＝很多個的意思

這個過程叫做「加成聚合」
聚合物又叫高分子化合物

就這樣，
聚乙烯誕生了

可以連接多個不同單體，也可以把連接的分子拆開

利用脫水的縮合反應

在前一單元我們介紹了如何用加成聚合製造塑膠，但聚合反應中其實還有另一種名為縮合聚合的反應。所謂的縮合聚合，就是使2個分子各失去一部分，讓剩下的部分互相結合變成聚合物的方法。在大多數的縮合反應中，這個失去的部分都是水。

縮合聚合跟加成聚合不同，是由兩個不同的單體連結在一起，產生一種具有新性質的材料。

左圖是縮合反應的簡化示意圖。單體A和單體B想要相連，但彼此的分子端末各掛著一個氫或氧，妨礙了連結。此時若對它們加熱，引發化學反應，2個氫和1個氧就會黏在一起，變成水分子脫落。換言之就是脫水。當水分子脫落後，端末的原子就會空出手來，讓A和B得以直接牽手。

利用縮合反應製造的塑膠有聚酯、聚醯胺（尼龍）等，其中最常見應為聚酯家族成員的聚對苯二甲酸乙二酯（PET）。PET是由對苯二甲酸和乙二醇這兩種成分縮合聚合而成的產物，也是大家熟悉的寶特瓶的原料。

透過解聚合將聚合物變回單體

除此之外塑膠還有很多種不同的聚合方法，化學家們將各種不同的單體連在一起，發明了種類數不盡的塑膠。

而與聚合反應相反，將聚合物再次分解成單體的過程叫做解聚合。在塑膠垃圾變成嚴重問題的現在，作為資源回收的手段之一，這種解聚合技術正受到相當的重視。

儘管我們常說「塑膠不能被分解」，但這句話完整的意思其實是「不能在自然狀態下被分解」，利用與聚合反應相反的化學反應來分解塑膠，在理論上仍是有可能的。

例如除去水分子的縮合聚合，原則上只要把水分子放回去就能逆轉過程。雖然實際上並沒有這麼簡單，還需要各種條件和複雜的工程，但目前已有人發明出將PET重新變回對苯二甲酸和乙二醇這2個單體，回收再利用的技術，而且已經實用化。

關於塑膠回收的現狀和問題所在，等到P46後我們再來詳細介紹吧。

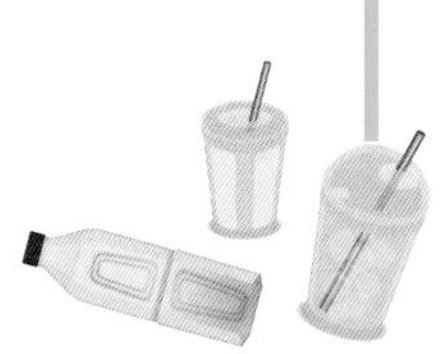

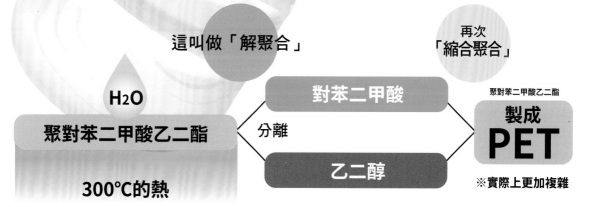

寶特瓶是用「水」製造的?!

操作H_2O用「縮合反應」製造PET

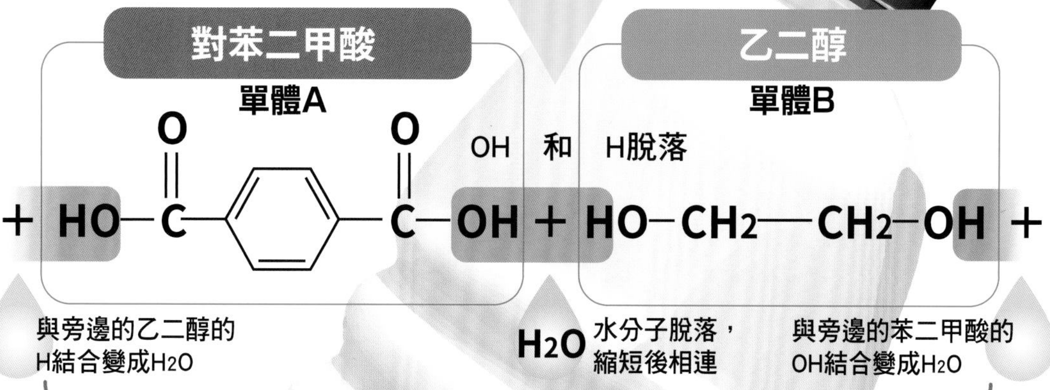

對苯二甲酸
單體A
乙二醇
單體B
OH 和 H脫落
+ HO—C(=O)—C₆H₄—C(=O)—OH + HO—CH2—CH2—OH +
與旁邊的乙二醇的H結合變成H2O
H2O 水分子脫落，縮短後相連
與旁邊的苯二甲酸的OH結合變成H2O

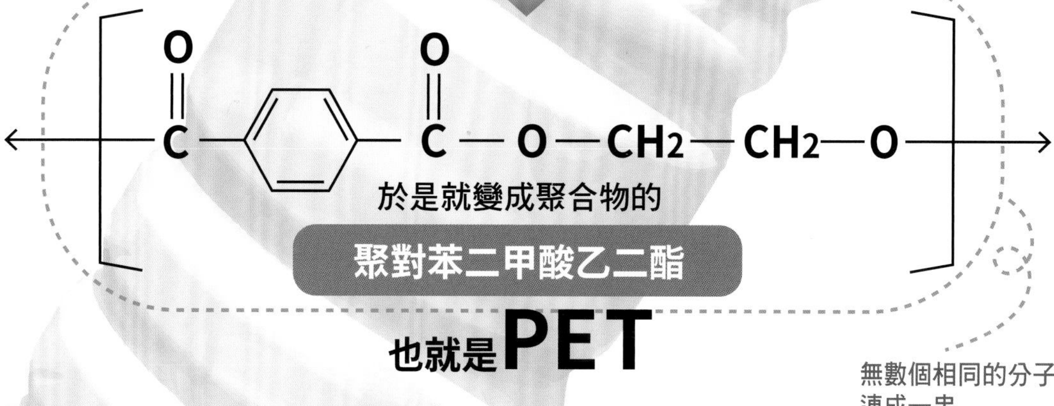

—C(=O)—C₆H₄—C(=O)—O—CH2—CH2—O—

於是就變成聚合物的

聚對苯二甲酸乙二酯

也就是**PET**

無數個相同的分子
連成一串

因此有人想到

把「水」H_2O放回去，
不就能回收寶特瓶了嗎?!

這叫做「解聚合」

H_2O

聚對苯二甲酸乙二酯

300°C的熱

分離

對苯二甲酸

乙二醇

再次
「縮合聚合」

聚對苯二甲酸乙二酯

製成
PET

※實際上更加複雜

都市垃圾處理的變遷，無論掩埋還是燒掉都有問題

1971年
江東vs杉並
東京垃圾戰爭
爆發
過去東京都大半的垃圾都被拿到江東區的夢之島掩埋
建造垃圾焚化爐
希望把垃圾燒掉
這導致江東區出現大量蒼蠅
但杉並區居民反對建造焚化爐
絕對反對
反對
垃圾工廠
反對
這激怒了江東區居民
什麼！
於是拒絕杉並區的垃圾進入
杉並のゴミは持ち帰れ
導致杉並區被垃圾淹沒

塑膠垃圾的戴奧辛問題

環境問題首次成為全球性議題，是在1972年的斯德哥爾摩會議（聯合國人類環境會議）。急速的工業化帶來自然環境的破壞和公害，人類對塑膠垃圾的危機感也逐漸提高。

在當時，塑膠垃圾就跟其他垃圾一樣是用掩埋和燃燒的方式處理。但塑膠垃圾埋入土中也不會被分解。另外，那個時代的垃圾焚化爐只要燃燒塑膠就會產生高溫，除了會造成爐心受損，也會排出會汙染空氣的煤塵，導致各種問題。除此之外，當時還爆發了一個令國際社會對垃圾處理感到不安的事件。

1976年，義大利北部的塞維索發生了一起農業工廠爆炸意外。大量有毒的戴奧辛外洩，大量的牲畜紛紛死亡，居民的身體發生病變。而後來荷蘭、日本等國的垃圾焚

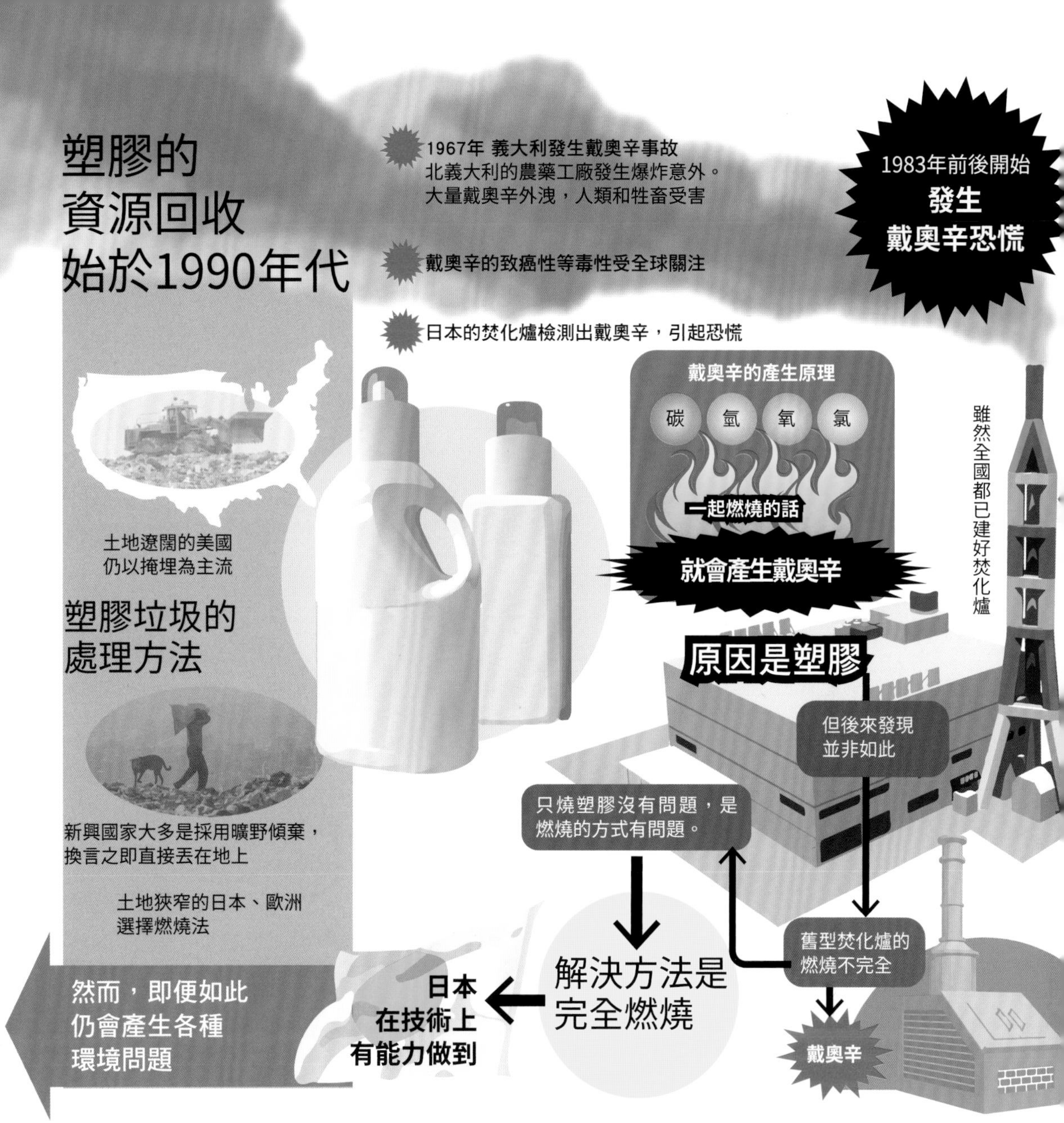
塑膠的資源回收始於1990年代
1967年 義大利發生戴奧辛事故
北義大利的農藥工廠發生爆炸意外。大量戴奧辛外洩，人類和牲畜受害
戴奧辛的致癌性等毒性受全球關注
日本的焚化爐檢測出戴奧辛，引起恐慌
1983年前後開始 發生 戴奧辛恐慌
戴奧辛的產生原理
碳 氫 氧 氯
一起燃燒的話
就會產生戴奧辛
雖然全國都已建好焚化爐
原因是塑膠
但後來發現並非如此
只燒塑膠沒有問題，是燃燒的方式有問題。
舊型焚化爐的燃燒不完全
戴奧辛
解決方法是完全燃燒
日本在技術上有能力做到
然而，即便如此仍會產生各種環境問題
土地遼闊的美國仍以掩埋為主流
塑膠垃圾的處理方法
新興國家大多是採用曠野傾棄，換言之即直接丟在地上
土地狹窄的日本、歐洲選擇燃燒法

化爐中也驗出了這種戴奧辛類物質，演變成巨大的環境和健康問題。

當時盛傳「塑膠燃燒就會產生戴奧辛」，不過現在這個說法已被推翻。戴奧辛類物質是碳、氫、氧、氯在燃燒過程中產生的，而塑膠主要是由碳和氫組成，燃燒時只會產生二氧化碳和水。

燃燒會產生戴奧辛的，只有含氯的物質。然而，現實中垃圾焚化爐內混合了很多含氯的其他垃圾。就連混雜了食鹽和醬油的廚餘都可能產生戴奧辛。因此最新式的垃圾焚化爐都具有二到三層的戴奧辛防護措施，可以大量減少排出的戴奧辛。

儘管在1990年代後，全球已開始推動塑膠的資源回收，但塑膠垃圾的數量仍在快速增加。不僅如此，塑膠垃圾更被當成一種可再生的資源在國際間買賣，產生了新的問題。

跨越國境的塑膠垃圾，中國禁止塑膠進口的緣由

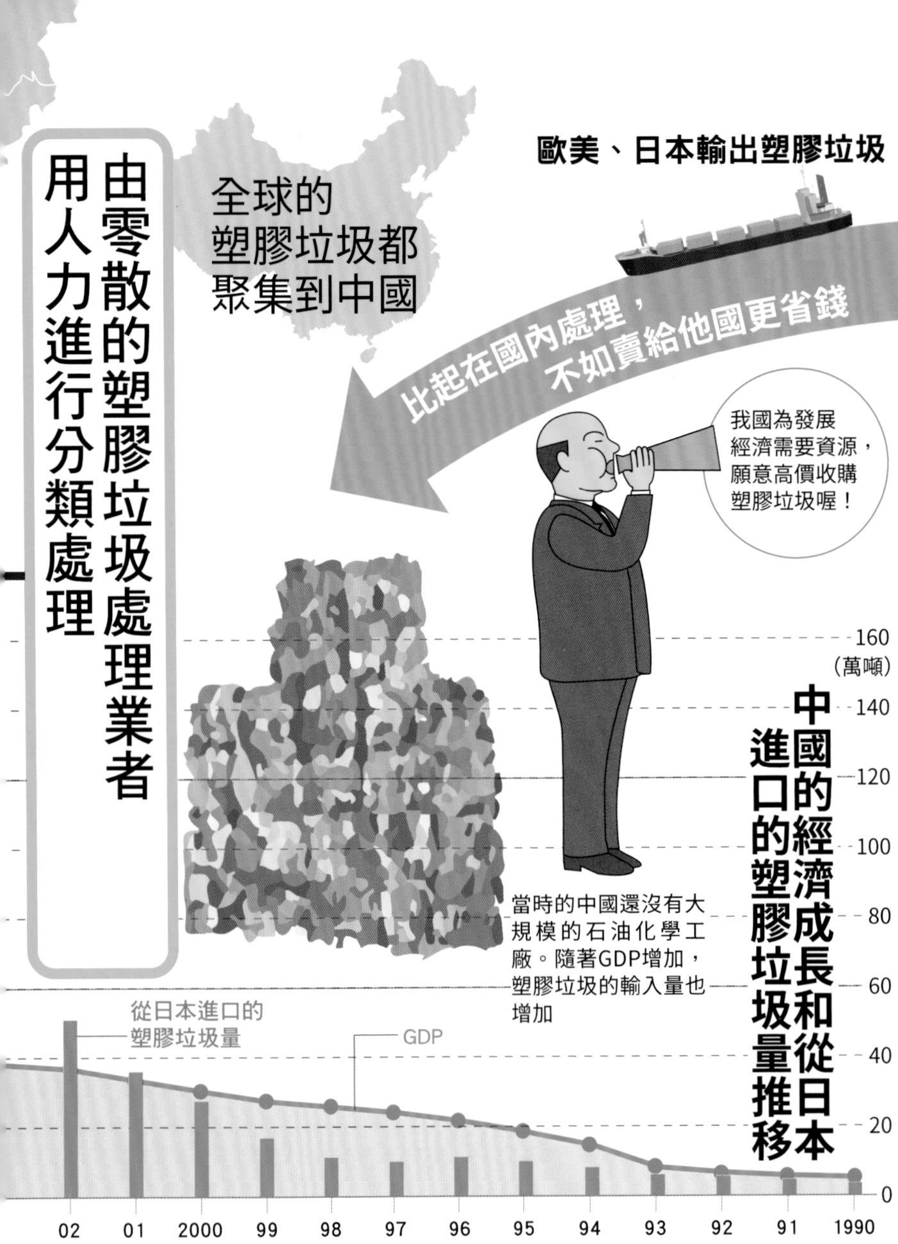
歐美、日本輸出塑膠垃圾
比起在國內處理，不如賣給他國更省錢
全球的塑膠垃圾都聚集到中國
由零散的塑膠垃圾處理業者用人力進行分類處理
我國為發展經濟需要資源，願意高價收購塑膠垃圾喔！
中國的經濟成長和從日本進口的塑膠垃圾量推移
當時的中國還沒有大規模的石油化學工廠。隨著GDP增加，塑膠垃圾的輸入量也增加
從日本進口的塑膠垃圾量
GDP
(萬噸)
160
140
120
100
80
60
40
20
0
02
01
2000
99
98
97
96
95
94
93
92
91
1990

先進國家輸出的是環境汙染

2017年底，中國宣布禁止進口塑膠垃圾。在P10〜11，我們已用插圖簡介了這件事的概要，而本單元則要來看看洋垃圾禁令的歷史經緯。

中國在改革開放政策下，自1980年代起開始推動工業化。中國國內對塑膠的需求日益提升，但要完全自產塑膠，就必須從石油採油廠開始建設。比起這麼做，回收利用塑膠垃圾更有效率，因此中國開始向歐美和日本輸入塑膠垃圾當成資源。而中國也藉著出口再生加工的產品，撐起了國家的經濟成長。

這對輸出塑膠垃圾的國家也有好處。若由自己國家進行回收，硬體成本和人事成本都得投入大筆經費，那還不如高價賣給中國。

1990年代到2000年代這段時

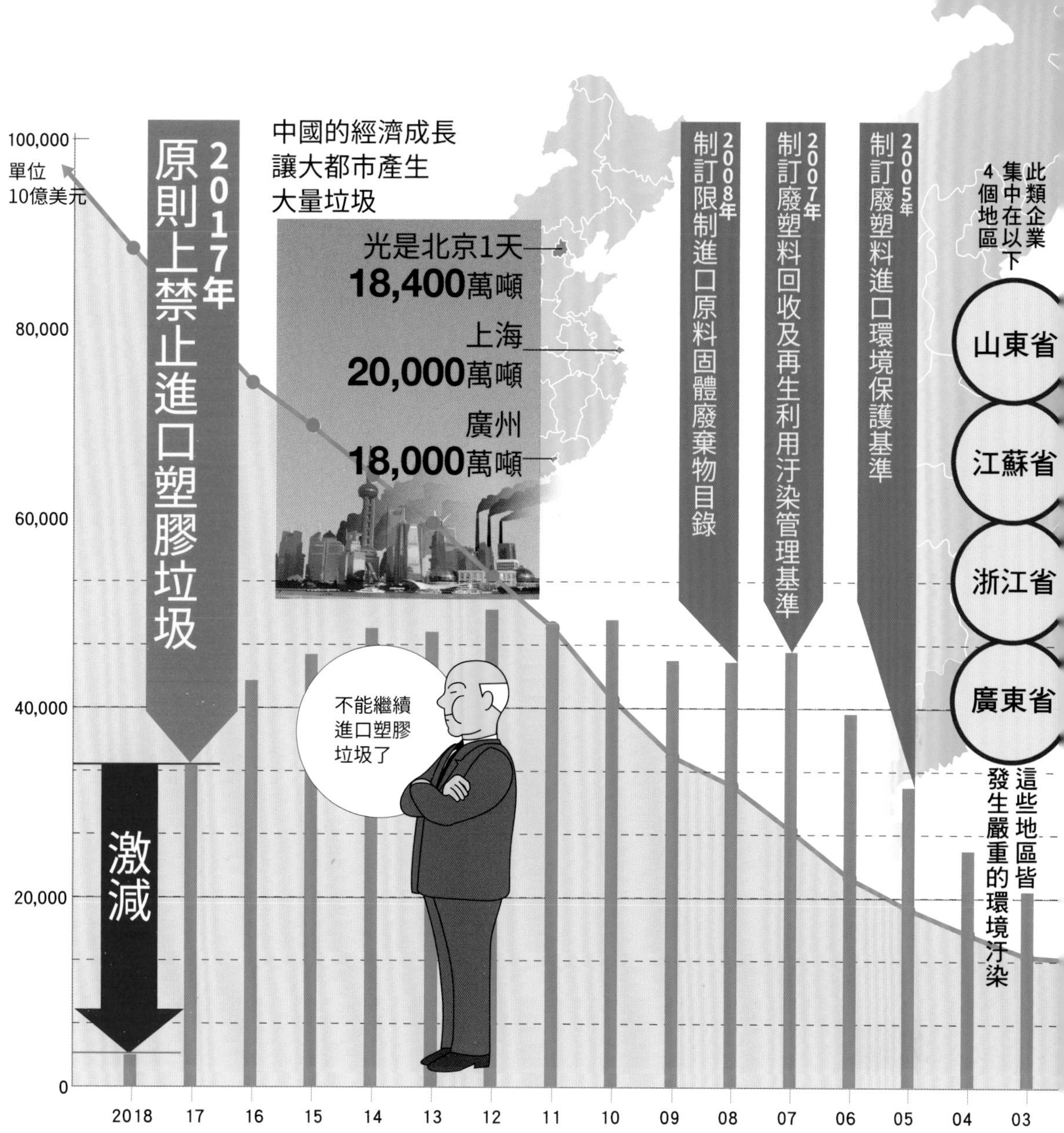

間，泰國、越南、印尼等有經濟起飛的亞洲國家對塑膠垃圾的需求也逐漸攀升。於是塑膠垃圾的跨國回收體系也逐漸成形。

然而，這些被進口的垃圾中，也混雜了許多不乾淨的垃圾、未分類的垃圾、以及有害物質等不能直接回收的東西。而負責用雙手替垃圾分類的，則是當地的廉價勞工。其中甚至有些孩童為了幫忙雙親，在不衛生的垃圾山中找垃圾。而那些處理不完的垃圾山往往就這樣被丟在原地，或是被一把火燒掉，產生有害物質，或是間接流到河川裡面，造成嚴重的汙染。這樣的狀況持續了好幾年。

先進國家以為自己賣出去的垃圾都有經過妥善回收，但實際上卻為輸入的國家帶來環境汙染。

中國之所以決定禁止進口塑膠垃圾，主要原因也是為了阻止環境汙染。在過去10年間實現高速經濟發展的中國，如今已成為全球第一大塑膠的生產和消費國，面臨如何處理國內產生的大量塑膠垃圾的新問題。

中國禁輸後，從亞洲各國也開始拒絕塑膠垃圾，到修訂巴塞爾公約

將違法垃圾送返的事件也頻頻發生

在中國實施塑膠垃圾進口禁令的２０１８年，全世界的塑膠垃圾出口量旋即減半，但剩下的部分卻一口氣流向東南亞等地。眼見港口被裝滿激增的塑膠垃圾的貨櫃塞爆，許多國家相繼宣布了限制進口。

在２０１９年10月的時間點，馬來西亞已實質禁止進口，泰國則宣布自２０２１年起全面禁止進口，印尼、印度也表態禁止進口。而原本就有管制進口的國家也紛紛加強了管制措施。

以上各國的快速反應，也再次表明了他們認為「亞洲不是先進國家垃圾場」的不滿態度。

在印尼，早在１９９０年代開始，就已經頻頻發生裝載塑膠垃圾的貨櫃被棄置於港口的事件和違法進口垃圾的問題。而在中國禁輸後的２０１９年6月，也發生過自美國進口的貨櫃被查到裝有仍殘留不可再生之廚餘的塑膠容器和用過的紙尿布，結果被送返回國的事件。

在菲律賓，２０１４年時也有大量來自加拿大的家庭垃圾被偽裝成可再生資源送來，經過5年後，加拿大方面對此事依然沒有任何回應，導致菲律賓總統杜特蒂震怒表示「西方國家把菲律賓當成垃圾場」。２０１９年2月，６３００噸自韓國非法出口至菲律賓的塑膠垃圾，儘管一部分被送返回韓國，但違法的出口業者卻始終沒有被查出。垃圾出口業者的道德缺失已被視為一項問題。

另外，在中國禁輸後，走私和違法進口的現象仍然橫行不止。在２０１８年5月，便有中國業者被查獲非法從泰國走私當時中國已禁止進口的塑膠垃圾。

除此之外，在中國禁輸後塑膠垃圾進口量增加最多的馬來西亞，負責做資源回收的工廠大多都沒有遵守環境規範。在違法工廠密集的地區，都有嚴重的水質汙染問題。

有鑒於這樣的事態，聯合國在２０１９年5月修訂了管制有害廢棄物越境的巴塞爾公約，並決定自２０２１年起將「不乾淨的塑膠垃圾」納入新的管制對象。自此以後，只要沒有得到進口國的許可，任何國家皆不得出口不乾淨的塑膠垃圾。

「自己國家的垃圾都處理不完了，為什麼我們還得接收其他國家的垃圾。自己國家的垃圾應該自己回收」，一如印尼總統佐科威的批判，先進國家應該儘速改變依賴他國的回收政策。

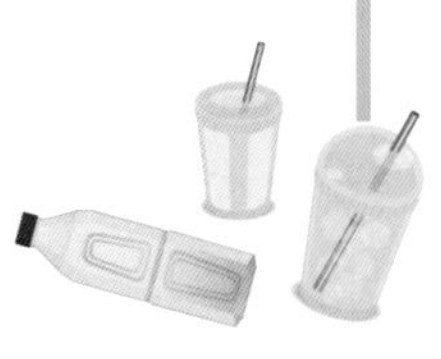

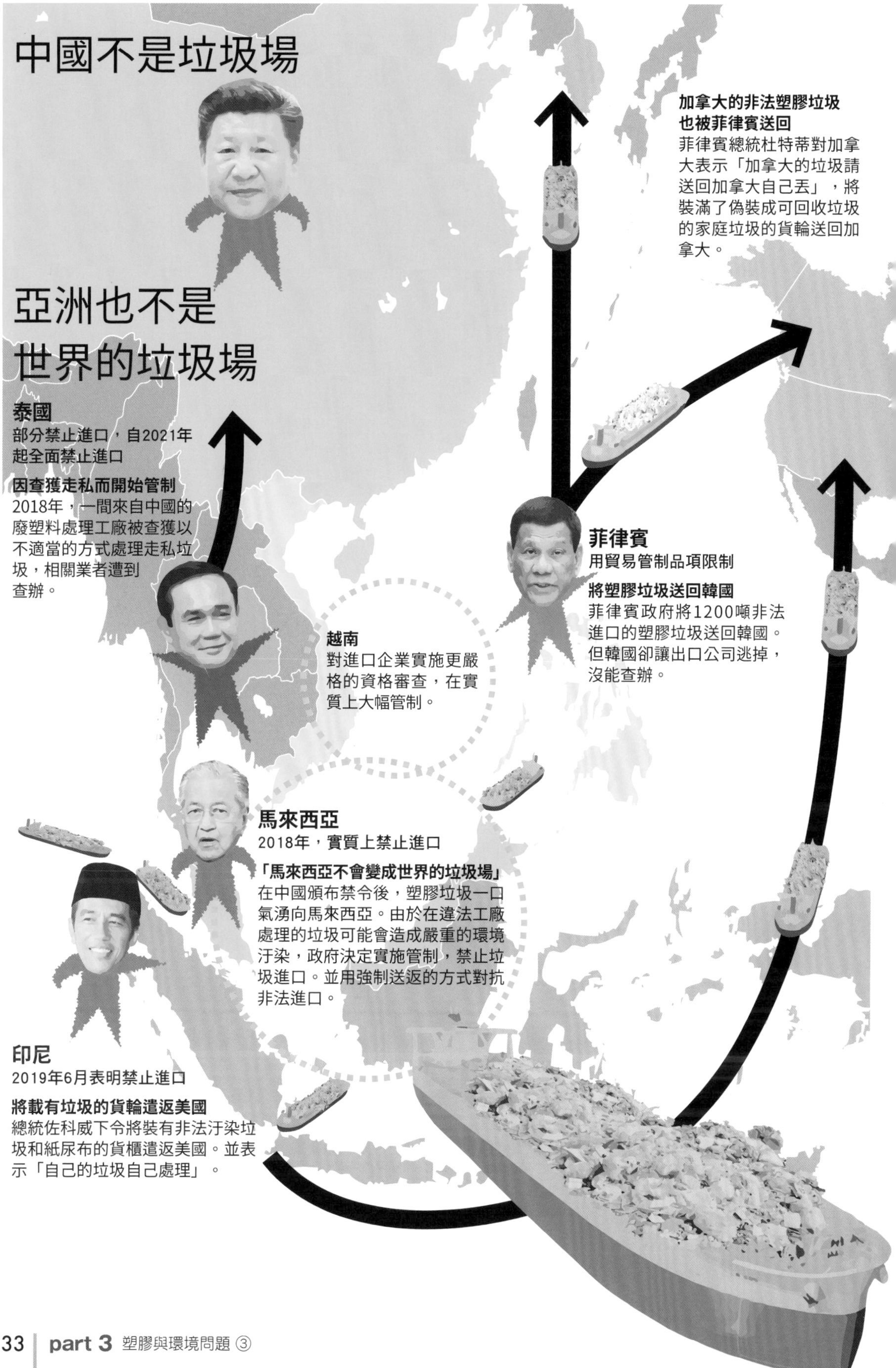

中國不是垃圾場

亞洲也不是世界的垃圾場

泰國

部分禁止進口，自2021年起全面禁止進口

因查獲走私而開始管制

2018年，一間來自中國的廢塑料處理工廠被查獲以不適當的方式處理走私垃圾，相關業者遭到查辦。

越南

對進口企業實施更嚴格的資格審查，在實質上大幅管制。

馬來西亞

2018年，實質上禁止進口

「馬來西亞不會變成世界的垃圾場」

在中國頒布禁令後，塑膠垃圾一口氣湧向馬來西亞。由於在違法工廠處理的垃圾可能會造成嚴重的環境汙染，政府決定實施管制，禁止垃圾進口。並用強制送返的方式對抗非法進口。

印尼

2019年6月表明禁止進口

將載有垃圾的貨輪遣返美國

總統佐科威下令將裝有非法汙染垃圾和紙尿布的貨櫃遣返美國。並表示「自己的垃圾自己處理」。

菲律賓

用貿易管制品項限制

將塑膠垃圾送回韓國

菲律賓政府將1200噸非法進口的塑膠垃圾送回韓國。但韓國卻讓出口公司逃掉，沒能查辦。

加拿大的非法塑膠垃圾也被菲律賓送回

菲律賓總統杜特蒂對加拿大表示「加拿大的垃圾請送回加拿大自己丟」，將裝滿了偽裝成可回收垃圾的家庭垃圾的貨輪送回加拿大。

亞洲、非洲的開發中國家率先限制塑膠袋的原因

殺死家畜的垃圾山

管制塑膠製品，尤其是管制塑膠袋的國家愈來愈多。請大家回顧一下P14～15的地圖。推動垃圾袋管制的國家，並非全是大量生產和消費塑膠的先進國家。很多亞洲、非洲的開發中國家也都推出嚴格的管制令。其中的原因，乃是因為他們都深受塑膠汙染的危害。

在開發中國家，因為垃圾處理場的數量有限，因此通常是採用直接找空地或山谷將垃圾倒在裡面的曠野傾棄。而且也有不少人是在發出異臭的垃圾山中，靠著撿拾可以再利用的東西來維持生計。此外垃圾山也會吸引飢餓的牲畜，害牠們誤食塑膠袋。

在蒙古，遊牧民早在1990年代便開始使用塑膠產品，使得草原上常有亂丟的塑膠垃圾，頻頻傳出牛羊誤把塑膠當成水草吃下肚而衰弱死的案例。不僅如此，人類食用誤食垃圾的家畜肉或奶，也可能對人體造成不良影響，因此蒙古最後決定禁止使用薄塑膠袋。

同樣的，印度為了防止被印度教尊為神聖存在的牛誤食塑膠垃圾死亡，也禁止了一部分的塑膠袋。

另外，孟加拉則曾因為排水溝被大量的塑膠袋阻塞而導致大洪水，所以早在2002年便禁止使用塑膠袋。

管制最嚴格的非洲情況

令人訝異的是，現在對塑膠使用管制最嚴格的地方其實是非洲。在非洲的54個國家中，有高達30幾國引進了塑膠袋限令。

在2000年以後，隨著非洲各國的經濟成長，在都市工作的人增加，原本自給自足的生活型態迅速轉變為現代買賣的消費文化。這個轉變使得垃圾大幅增加，超出了非洲國家的垃圾處理能力，讓垃圾堆積成山，甚至發生過垃圾山崩塌造成死傷的事故。

肯亞便是因為這個嚴重的垃圾問題，在2017年實施了全球罰則最重的塑膠袋禁令。要整備垃圾處理場，並徹底落實垃圾分類規則，需要時間也需要金錢。與其如此，不如根絕垃圾的根源，建立不販賣、不使用塑膠的社會更快，這便是開發中國家的判斷。

上述的亞洲、非洲開發中國家在強化塑膠管制的同時，也接受國際上的支援，推動整備垃圾處理場的計畫。

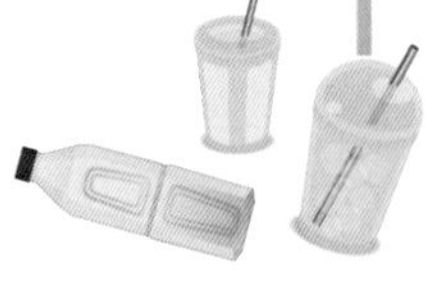

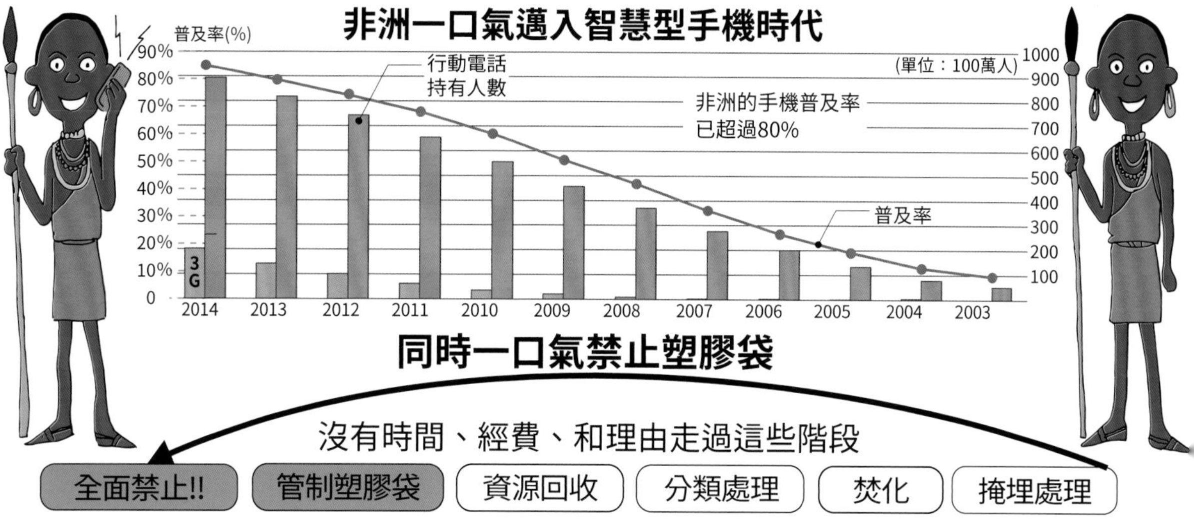
非洲一口氣邁入智慧型手機時代
普及率(%)
90%
80%
70%
60%
50%
40%
30%
20%
10%
0
3G
(單位：100萬人)
1000
900
800
700
600
500
400
300
200
100
行動電話
持有人數
非洲的手機普及率
已超過80%
普及率
2014
2013
2012
2011
2010
2009
2008
2007
2006
2005
2004
2003
同時一口氣禁止塑膠袋
沒有時間、經費、和理由走過這些階段
全面禁止!!
管制塑膠袋
資源回收
分類處理
焚化
掩埋處理

2013年相較前年的
經濟成長率
50%以上
10%以上
8%以上
4%以上
4%未滿
突尼西亞
摩洛哥
阿爾及利亞
西撒哈拉
利比亞16.7%
埃及
維德角。
茅利塔尼亞
馬利
尼日
查德
蘇丹
厄利垂亞
塞內加爾
甘比亞
布吉納法索
吉布地
幾內亞
奈及利亞
索馬利亞
幾內亞比索
迦納
南蘇丹
69.6%
衣索比亞
獅子山
中非共和國
賴比瑞亞
多哥
貝南
象牙海岸
烏干達
喀麥隆
赤道幾內亞
加彭
剛果
剛果
民主共和國
肯亞
盧安達
蒲隆地
坦尚尼亞
塞席爾。
塑膠袋管制
包含課稅、收費化、
禁止令、禁止製造、
部分地區禁令
安哥拉
尚比亞
馬拉威
莫三比克
馬達加斯加
模里西斯。
留尼旺
納米比亞
辛巴威
波札那
史瓦帝尼
賴索托
南非
No
非洲諸國的
經濟成長率和
塑膠袋禁令

塑膠與環境問題⑤

被發現的塑膠海洋，漂流垃圾是從哪來的？

流入海洋的樹脂顆粒

海洋環境調查學家查爾斯・摩爾（Charles J. Moore）首次在北太平洋發現塑膠垃圾的滯留帶，是1997年的事。他在其著作中形容當時所見的情景就有如「塑膠濃湯」：在塑膠的碎片中，破掉的漁網、浮標、浮球等各種各樣的殘骸，有如湯圓般漂在海上。

塑膠垃圾造成的海洋汙染，早在1970年就有人提出。而其汙染源之一就是被用來當成塑膠產品加工原料的樹脂顆粒。樹脂顆粒是一種將塑膠融化而成的粒狀塑膠，外形就像直徑數公釐的圓珠。這種顆粒一旦打翻就容易四散，從工廠或運輸途中的卡車、輪船上外洩，並漸漸頻繁在海岸或河邊被發現，到了1990年代，包含日本在內的主要國家紛紛制定防止樹脂顆粒外洩的對策。然而，此時早已有大量的樹脂顆粒流入海洋，不僅在全球各地的海岸都能發現，且直到現在仍有新的塑膠顆粒持續流入海中。

最嚴重的是經過河川的洩漏

最常見的汙染源，就是漁船故意或無意丟入海裡的各種漁具。其中有的漁網全長最長可達數公里，很容易變成鬼網（指海洋中廢棄或遺失的漁具）在海中漂流，纏住海洋生物，有時甚至會殺死牠們。

除了漁船以外，觀光客搭乘的觀光船和巡邏海洋的海軍船艦也曾發生過非法投棄。另外商用貨輪的貨櫃有時也會因暴風雨等原因而落入海中，或是船隻遭遇事故而沉沒、飛機意外墜落等，也會讓塑膠流入海中。

不可抗力的天災也會使塑膠的外洩加劇。2011年的東日本大地震時，龐大數量的家財、汽車、養殖設備被海嘯捲走，一部分甚至漂流到了北美洲。現在推估有近150萬噸的瓦礫仍在海中漂流。

除此之外，沿岸的工業設施和下水道處理設施的排放也會汙染海洋。還有在海邊隨意丟棄垃圾就更不用說。

而現在，最被重視的一項問題則是P8～9的圖介紹的河川排放問題。其中約有8成來自中國、印尼、菲律賓、越南等亞洲國家。垃圾掩埋場或回收工廠堆積如山的塑膠垃圾太容易流入附近的河川，若不及早改善這個狀況，海洋垃圾只會持續增加下去。

塑膠海水湯的製作方法

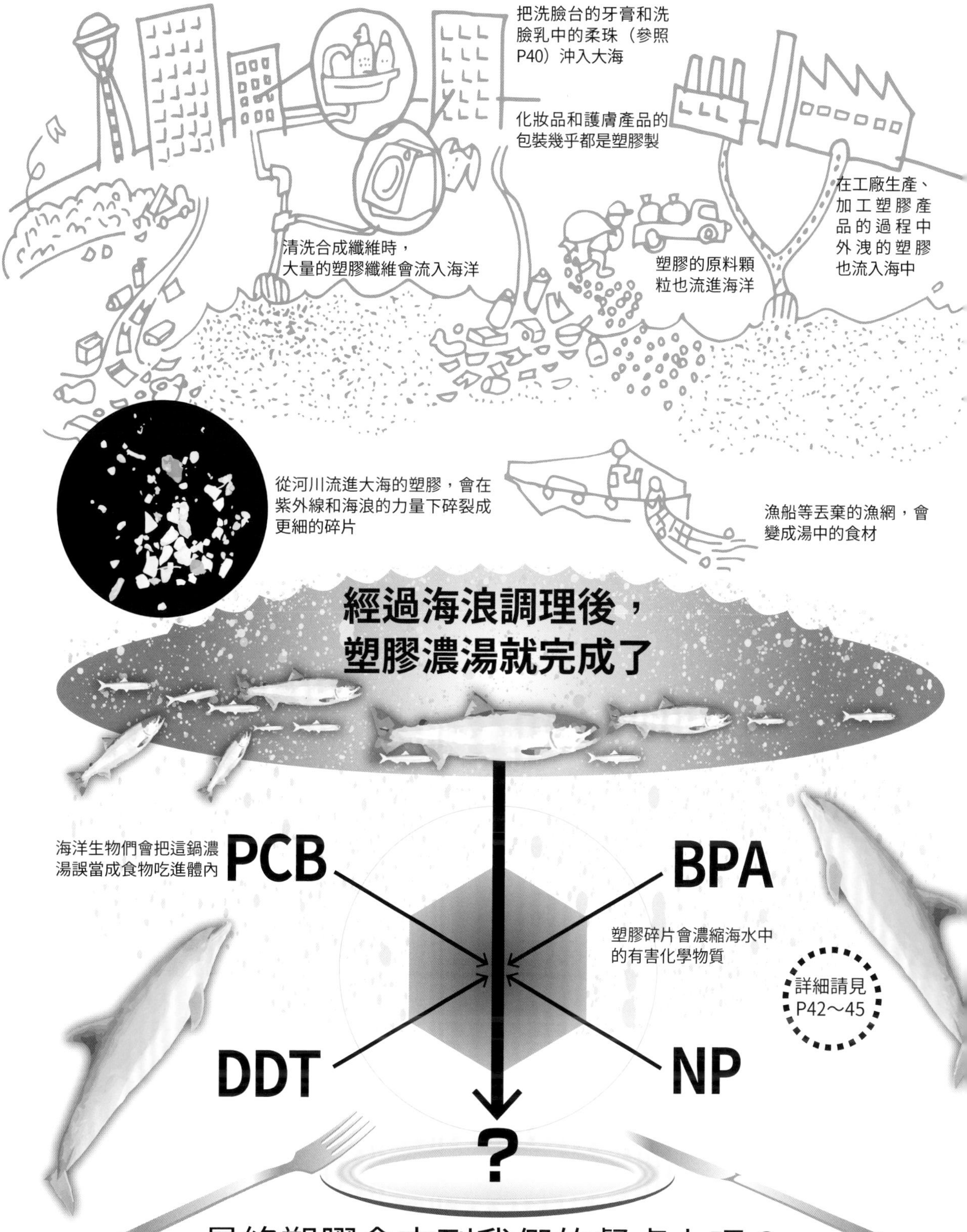
把洗臉台的牙膏和洗臉乳中的柔珠（參照P40）沖入大海
化妝品和護膚產品的包裝幾乎都是塑膠製
在工廠生產、加工塑膠產品的過程中外洩的塑膠也流入海中
清洗合成纖維時，大量的塑膠纖維會流入海洋
塑膠的原料顆粒也流進海洋
從河川流進大海的塑膠，會在紫外線和海浪的力量下碎裂成更細的碎片
漁船等丟棄的漁網，會變成湯中的食材
經過海浪調理後，塑膠濃湯就完成了
海洋生物們會把這鍋濃湯誤當成食物吃進體內
PCB
BPA
塑膠碎片會濃縮海水中的有害化學物質
詳細請見 P42～45
DDT
NP
?

最終塑膠會來到我們的餐桌上嗎？

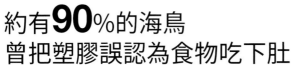

part 3

塑膠與環境問題⑥

海洋塑膠垃圾會縮短海洋生物的壽命

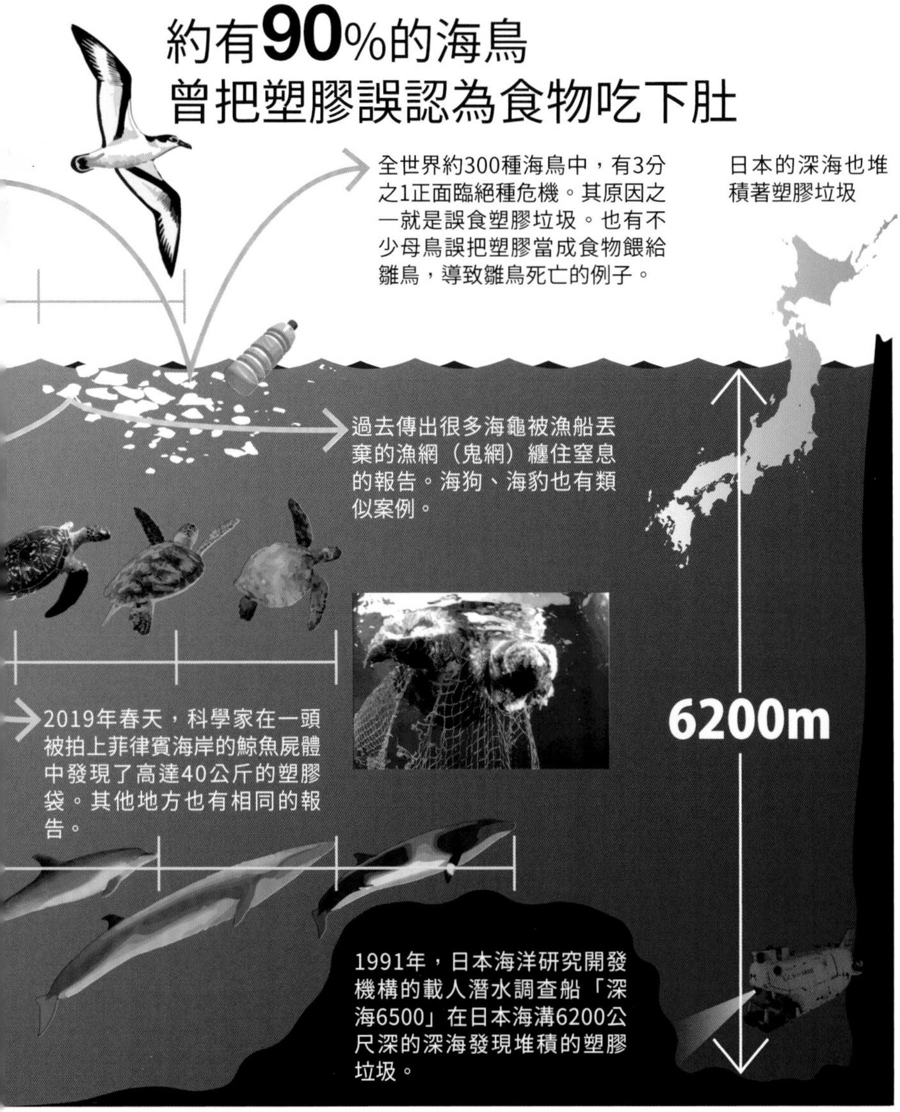
約有90%的海鳥
曾把塑膠誤認為食物吃下肚
全世界約300種海鳥中，有3分之1正面臨絕種危機。其原因之一就是誤食塑膠垃圾。也有不少母鳥誤把塑膠當成食物餵給雛鳥，導致雛鳥死亡的例子。
日本的深海也堆積著塑膠垃圾
過去傳出很多海龜被漁船丟棄的漁網（鬼網）纏住窒息的報告。海狗、海豹也有類似案例。
6200m
2019年春天，科學家在一頭被拍上菲律賓海岸的鯨魚屍體中發現了高達40公斤的塑膠袋。其他地方也有相同的報告。
1991年，日本海洋研究開發機構的載人潛水調查船「深海6500」在日本海溝6200公尺深的深海發現堆積的塑膠垃圾。

吞下40公斤塑膠袋的鯨魚

最先受到海洋汙染影響的，是棲息在大海的生物們。最初也是因為陸續發現深受其害的生物，才成為海洋垃圾問題廣為人知的契機。

海洋垃圾除了漂流到海岸，以及漂浮在海面上的之外，也有相當多沉澱在海底，危害從近海到深海的廣泛範圍。

最常見的危害之一，就是海龜和海豹等生物被塑膠製的漁網或繩索纏住，衰弱致死的案例。另一個則是誤食塑膠碎片或袋子的例子。

由於塑膠不能被消化器官分解，通常會隨著糞便排出體外；但假如大量誤食，堵住了消化道，就有可能使得動物喪命。近年，世界各地都曾在鯨魚的屍體中發現大量塑膠，便是其中一例。2019年3月，人們在一頭被拍上菲律賓海岸的鯨魚胃裡發現了

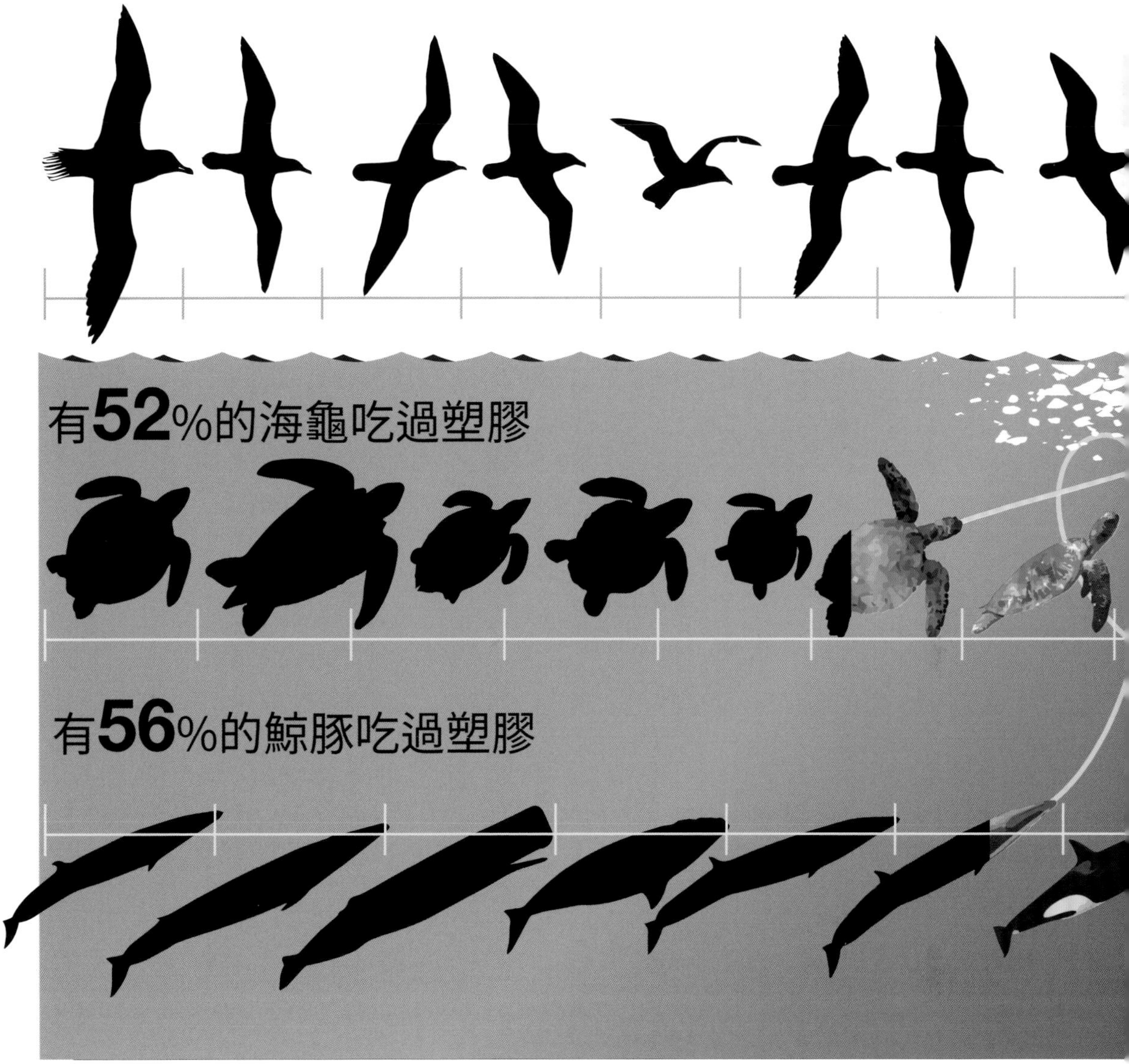
有52%的海龜吃過塑膠
有56%的鯨豚吃過塑膠

總量重達40公斤的塑膠袋，創下歷史紀錄，讓人們重新意識到事態的嚴重性。

海洋生物誤食塑膠的事件，早在1962年就已有報告。當時有人在海鳥的胃中發現了塑膠垃圾。自此以後，各國的學者持續研究海鳥，發現在體內找到塑膠垃圾的比例年年增加。內容物包含塑膠袋、塑膠瓶蓋、合成纖維、保麗龍的碎片等，都是本不該出現在海中的東西。

如今已有超過200種海洋生物誤食塑膠。推估有52%的海龜、56%的鯨魚和海豚，以及高達約90%的海鳥都曾誤食塑膠。目前科學家們仍不確定誤食塑膠對健康的直接危害，但我們已不能繼續袖手旁觀下去。

進入生態系的微小惹禍者——塑膠微粒

全球海域推測有5兆個

就像洗衣夾用久了會自己碎掉，塑膠會隨著時間慢慢碎裂。而同樣的現象也發生在海裡。

在海上漂流的塑膠垃圾，會因紫外線和海浪的力量而碎裂，變得愈來愈小塊。但就算變小塊了，塑膠的性質也不會改變。它們依然無法自然分解，會一直存在下去。

而直徑在5公釐以下的塑膠碎片俗稱塑膠微粒，現在，全球海域推測約有5兆個塑膠微粒漂浮在海上。而且日本近海漂流的塑膠微粒數量更高達全球平均值的27倍。

塑膠微粒之所以麻煩，是因為它們的大小恰好跟海洋浮游生物相近。因此魚類很容易把塑膠微粒誤認為是浮游生物而吃下肚。而這些塑膠微粒會累積在魚的身體裡，並有可能通過食物鏈移動到更大的魚體內。

從家庭流入海洋的塑膠柔珠

其實我們的日常生活也不斷在排放著塑膠微粒。

其中之一就是俗稱柔珠，直徑在1公釐以下的超微小塑膠。這種顆粒具有去除角質和清潔的效果，所以被廣泛用在洗面乳、化妝品、牙膏等各種產品上。而有研究統計，每年有數百萬噸的塑膠柔珠通過下水道被排入海中。而且這些微粒一旦出了海，就再也不可能回收了。

因此，一部分的國家已經禁止製造和販賣含柔珠的產品，但日本仍停留在要求製造商自我規範的階段。目前已有許多大型品牌停止使用塑膠柔珠，如果你想知道自己所用的產品有沒有使用的話，可以查查包裝上標示的原料成分。假如上面有聚乙烯、聚丙烯等成分，就代表有使用塑膠柔珠。

除此之外，清洗含合成纖維的衣物時會產生毛屑，還有用魔術海綿清洗餐具時也會有碎屑脫落。這些碎屑流入排水溝後，最終也會通過下水道進入大海。

在被塑膠包圍的現代生活中，幾乎所有地方都可能是塑膠微粒的發生源頭。科學家在自來水、瓶裝水、啤酒、食鹽、甚至人類的糞便中都有檢測到塑膠微粒，但仍不清楚這些微粒究竟是如何進入的。雖然這些微粒十分微小，就算被吃進肚子也能自然排泄出去，但真正令人擔憂的，是附著在塑膠微粒上的有害化學物質的影響。關於這部分就等下一單元再來介紹吧。

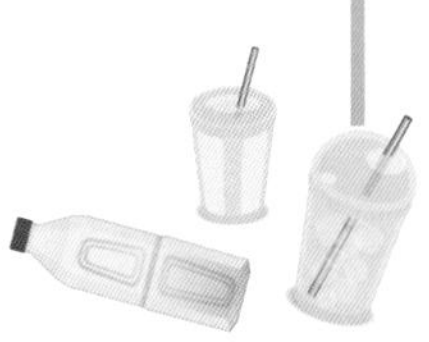

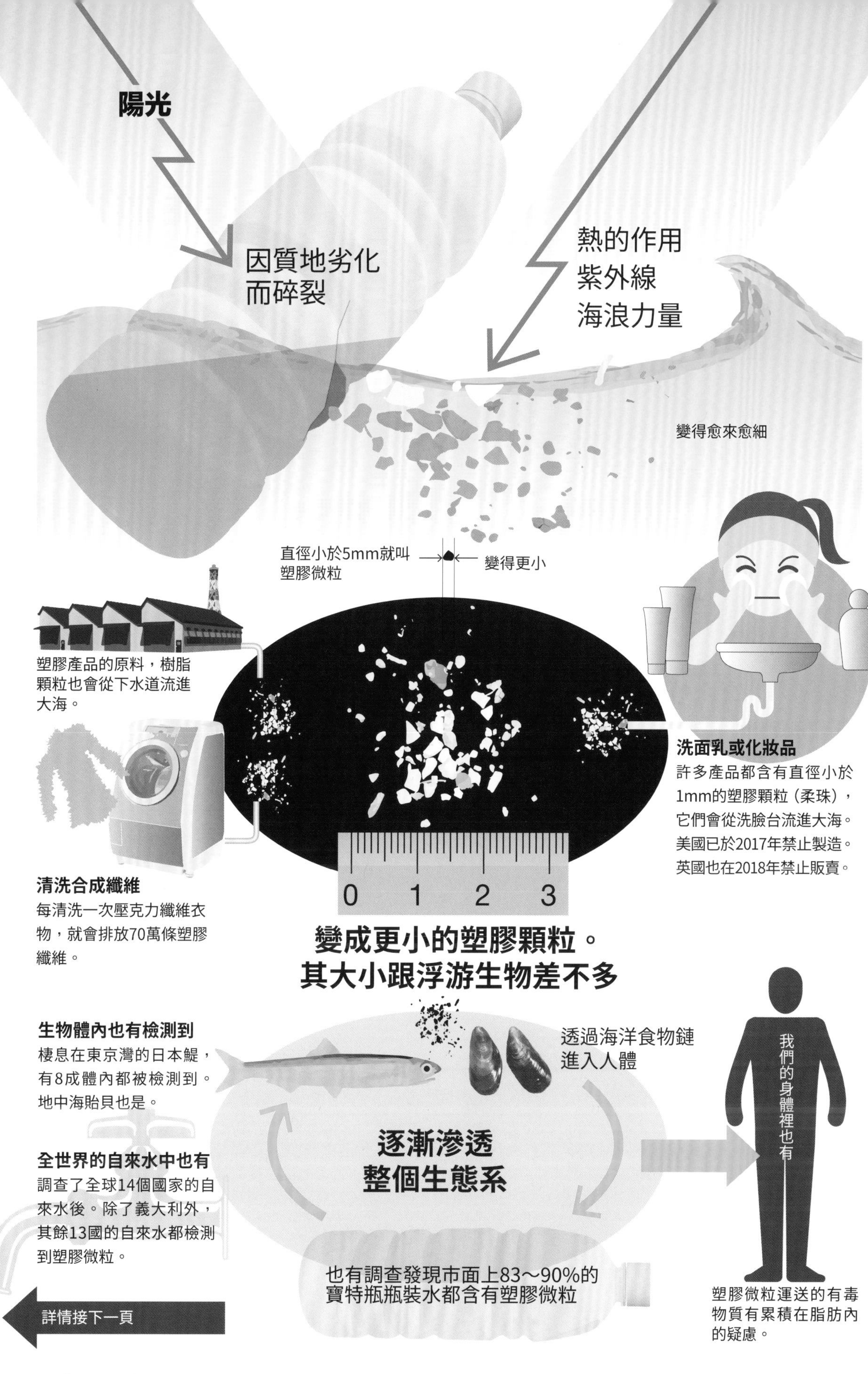
陽光
因質地劣化
而碎裂
熱的作用
紫外線
海浪力量
變得愈來愈細
直徑小於5mm就叫
塑膠微粒
變得更小
塑膠產品的原料，樹脂
顆粒也會從下水道流進
大海。
洗面乳或化妝品
許多產品都含有直徑小於
1mm的塑膠顆粒（柔珠），
它們會從洗臉台流進大海。
美國已於2017年禁止製造。
英國也在2018年禁止販賣。
0 1 2 3
清洗合成纖維
每清洗一次壓克力纖維衣
物，就會排放70萬條塑膠
纖維。
變成更小的塑膠顆粒。
其大小跟浮游生物差不多
生物體內也有檢測到
棲息在東京灣的日本鯷，
有8成體內都被檢測到。
地中海貽貝也是。
透過海洋食物鏈
進入人體
我們的身體裡也有
逐漸滲透
整個生態系
全世界的自來水中也有
調查了全球14個國家的自
來水後。除了義大利外，
其餘13國的自來水都檢測
到塑膠微粒。
也有調查發現市面上83～90%的
寶特瓶瓶裝水都含有塑膠微粒
塑膠微粒運送的有毒
物質有累積在脂肪內
的疑慮。
詳情接下一頁

在海洋漂流的塑膠垃圾會搬運有害化學物質

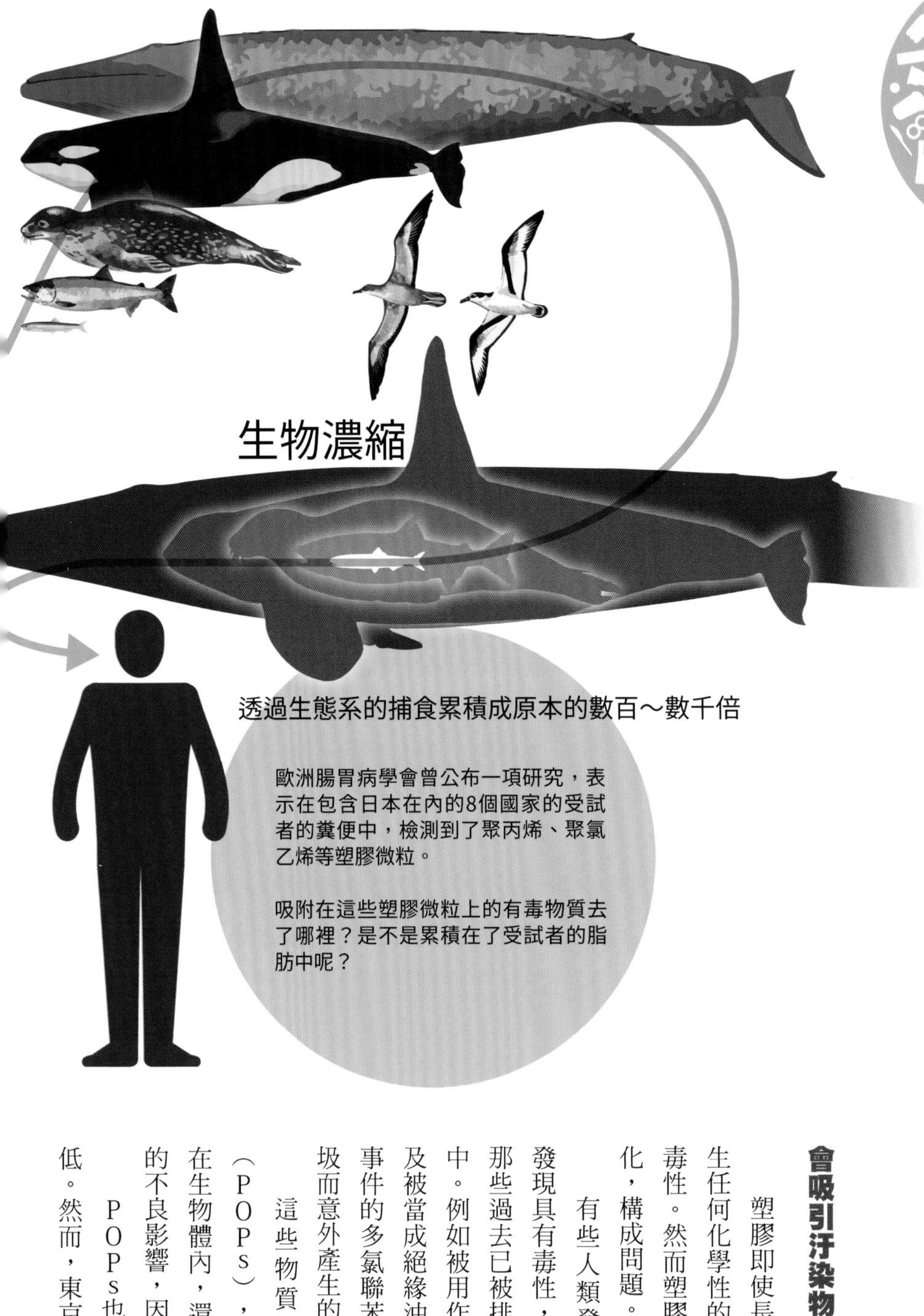
生物濃縮
透過生態系的捕食累積成原本的數百～數千倍

歐洲腸胃病學會曾公布一項研究，表示在包含日本在內的8個國家的受試者的糞便中，檢測到了聚丙烯、聚氯乙烯等塑膠微粒。

吸附在這些塑膠微粒上的有毒物質去了哪裡？是不是累積在了受試者的脂肪中呢？

會吸引汙染物質的塑膠垃圾

塑膠即使長時間泡在海水裡，也不會發生任何化學性的變化，至少塑膠本身並沒有毒性。然而塑膠漂在海裡卻會逐漸變得有害化，構成問題。

有些人類發明的化學物質在使用後被發現具有毒性，因此被停止製造和使用，但那些過去已被排放的物質依然持續停留大氣中。例如被用作農藥和殺蟲劑的ＤＤＴ，以及被當成絕緣油使用，引起日本米糠油中毒事件的多氯聯苯（ＰＣＢ），還有因焚燒垃圾而意外產生的戴奧辛等。

這些物質被稱為持久性有機汙染物（ＰＯＰｓ），它們難以分解，且容易累積在生物體內，還可以長距離移動，造成廣泛的不良影響，因此受到國際公約的管制。

ＰＯＰｓ也存在於海水中，但濃度非常低。然而，東京農工大學的高田秀重教授在

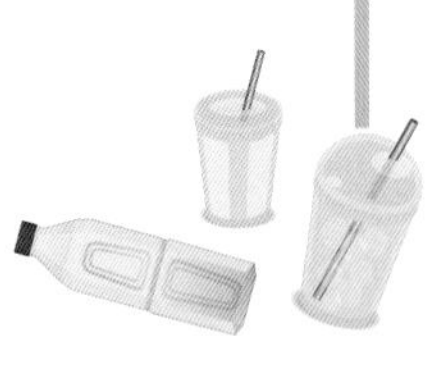

海洋塑膠微粒會吸附並濃縮海中的有毒物質

這種有毒物質叫 **POPs**（持久性有機汙染物）

POPs無法在環境中自然分解，因此會廣泛擴散到全球，逐漸在生物體中濃縮。過去已禁止使用的DDT、PCB、戴奧辛等化學物質皆屬之。

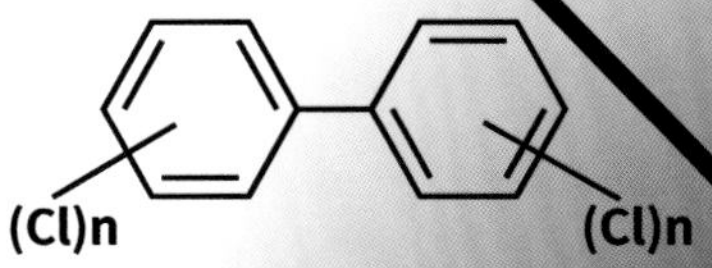

PCB

多氯聯苯

油狀的不可燃高絕緣性人工化學物質。被用於電器的絕緣油、熱交換器、無碳複寫紙。在日本曾發生過意外混入食用油而導致嚴重中毒的事件（米糠油中毒事件）。現在已被禁止製造和進口。

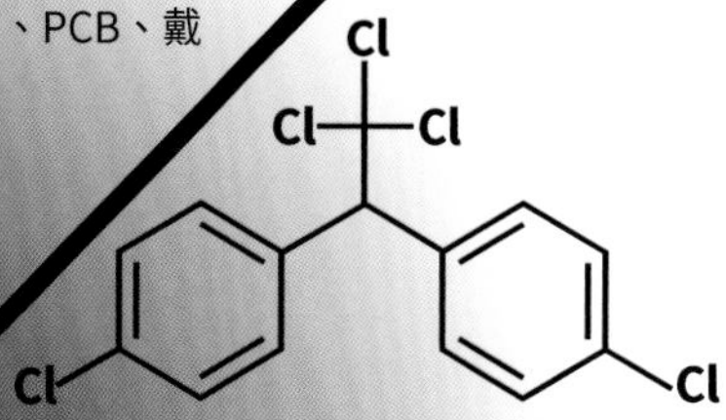

DDT

雙對氯苯基三氯乙烷

第二次世界大戰後，被當成殺蟲劑廣泛使用的有機氯系化學物質。是一種具致癌性的環境賀爾蒙（參照P44），目前已被全世界禁止。

1公克的塑膠微粒能吸附周圍1公噸海水中的有害物質，將濃度濃縮至原本的10～100萬倍

最早發現於湘南鵠沼海岸的調查

1998年，東京農工大學農學部環境資源系的高田秀重教授在鵠沼海岸採取的塑膠碎片中，檢測到高濃度的環境賀爾蒙和PCB。由此發現了塑膠會在海洋中運送有害物質的事實。

長年的調查研究中發現，海洋塑膠垃圾會提高汙染物質的濃度。

　這件事的起源是1998年，他從神奈川縣鵠沼海岸撿拾的塑膠碎片中，檢測出了高濃度的PCB。

　POPs具有親油性，而塑膠原本就是從石油（也就是油）中提煉的，所以會吸附並濃縮汙染物質。而且1公克的塑膠就可以濃縮1噸海水所含有的汙染物質。

　不僅如此，有些製造塑膠所用的添加劑本身就具有毒性（詳見P45）。海洋塑膠垃圾會不斷碎裂變小，然後幫忙把汙染物質和添加劑這兩種危險因子搬運到全世界。此類有害物質一旦被生物吃進去，就會透過食物鏈逐漸在更高層的生物身上累積，發生生物濃縮。而最終影響到的，就是站在食物鏈頂端的人類。

塑膠眞的安全嗎？在歐美被發現的有害化學物質

令人擔憂的環境賀爾蒙

相信不少人都對人工製造的塑膠抱有不安之情。現代也有許多人擔心用塑膠容器承裝食品或讓小孩子玩塑膠製玩具，會不會釋放出什麼不好的成分進入人體。對於這份擔憂，塑膠業界的回答是即使真的釋放出什麼成分，也絕對安全無虞，不需要擔心。

然而，其中也有些成分被指出具有危險性。其中之一便是聚碳酸酯和環氧樹脂的原料酚甲烷（ＢＰＡ）。在動物實驗中，有研究發現這種成分會影響動物的大腦、前列腺、乳腺等器官，有環境賀爾蒙的疑慮。所謂的環境賀爾蒙，就是會搗亂內分泌的物質（內分泌干擾素）。這類物質會搗亂體內正常賀爾蒙的作用，尤其可能對胎兒、幼童、以及孕婦造成不良影響。

聚碳酸酯常用來製造食品容器或奶瓶，而環氧樹脂則常用作罐頭內側的塗層，因此在歐美也出現了主打「無ＢＰＡ」的產品。然而，用來代替ＢＰＡ的雙酚Ｓ的安全性近年也遭到質疑。

從塑膠溶出的添加劑

而問題最大的化學物質之一，則是被用作聚氯乙烯（ＰＶＣ）塑化劑的鄰苯二甲酸酯。

塑膠製品除基本原料外，通常還會添加上色用的著色劑，以及防止脆化的安定劑等各式各樣的添加物。由於這些添加劑只是添加進去，並不會跟塑膠的成分發生化學性的結合，所以有時會自然溶出。

ＰＶＣ原本是種很堅硬的材料。而鄰苯二甲酸酯就是用來軟化ＰＶＣ的，但這種物質被發現有生殖毒性（導致生殖功能異常，或對肚子裡的孩子有不良影響等）和致癌的疑慮。因此在歐美和日本已禁止在兒童用品中使用，而歐盟已決定自２０２０年７月開始將限制範圍擴大到所有日用品。

除此之外，在製造寶特瓶時被當成催化劑使用的三氧化二銻也有致癌疑慮，還有在許多塑膠製容器中都被檢測到的壬基酚（ＮＰ），也被認為是一種環境賀爾蒙。另外，用來防止平底鍋沾黏的有機氟化物之一的ＰＦＯＳ在２００９年，ＰＦＯＡ則在２０１９年５月分別被認定具危害性，遭到聯合國禁止。

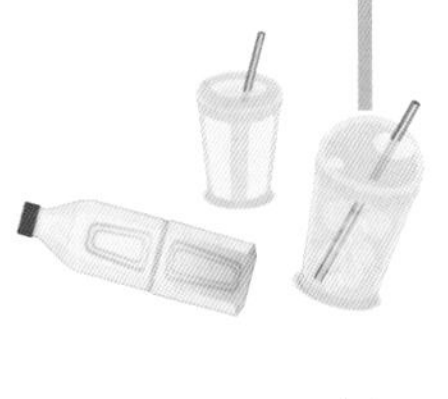

BPA

酚甲烷

被當成聚碳酸酯和環氧樹脂的原料。

屬於會影響生物內分泌機能的環境賀爾蒙。尤其可能影響胎兒和孕婦。

根據九州大學最新研究，確認了BPA會影響生物的雌激素分泌。且即使是極低量的BPA也對胎兒的腦部發育有不良影響。

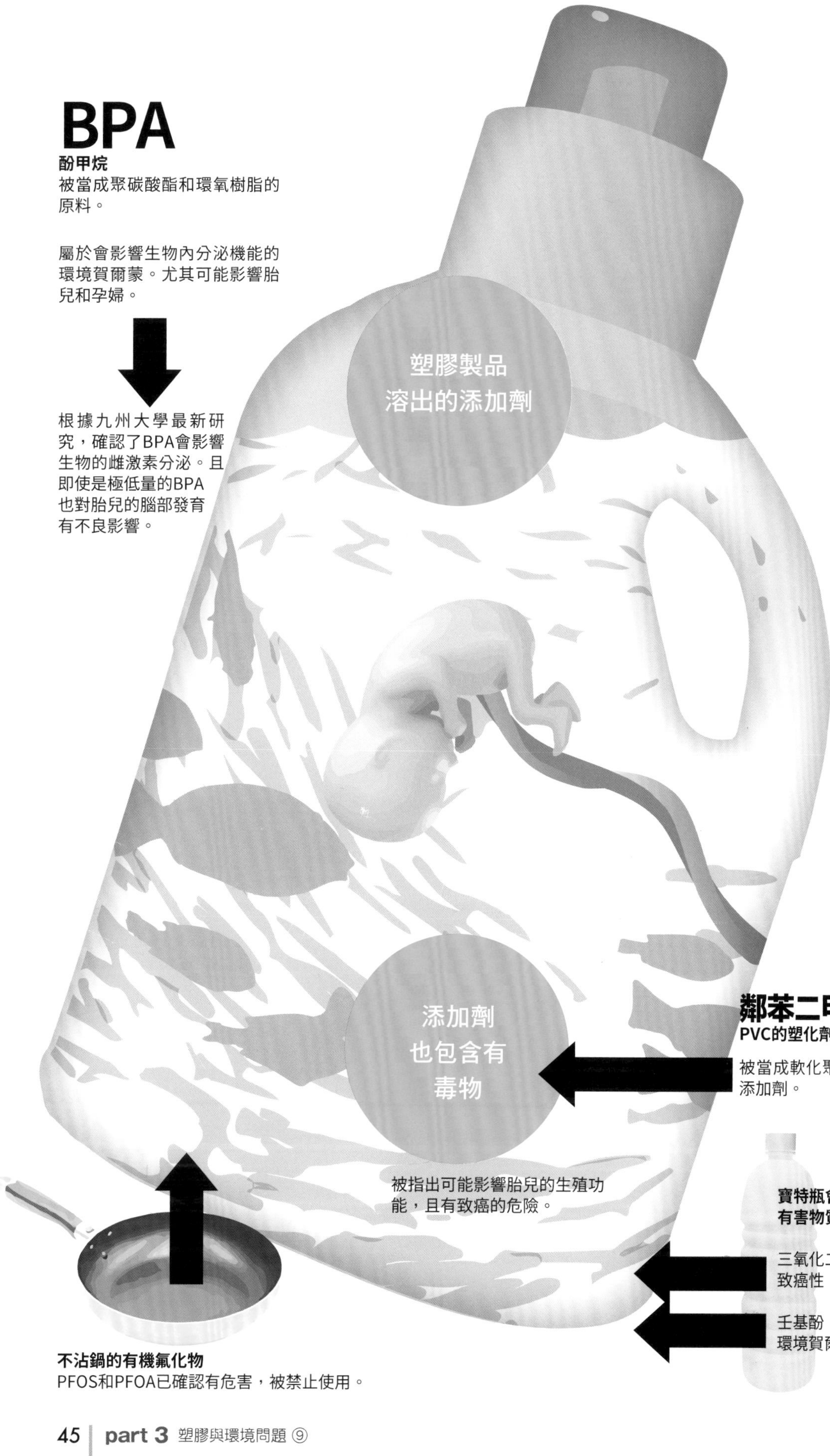

鄰苯二甲酸酯

PVC的塑化劑

被當成軟化聚氯乙烯的添加劑。

被指出可能影響胎兒的生殖功能，且有致癌的危險。

寶特瓶會溶出有害物質？

三氧化二銻
致癌性

壬基酚
環境賀爾蒙

不沾鍋的有機氟化物

PFOS和PFOA已確認有危害，被禁止使用。

塑膠回收的現狀①

塑膠是如何回收的？

三種回收方法

解決多到滿出來的塑膠垃圾的方法之一，就是目前全球都在致力推動的資源回收。現在，已經實用化的資源回收方法大致有三個種類。

①質料回收

ISO（國際標準化組織）標準稱之為「物理性回收（mechanical recycling）」，就是用物理性的方法將垃圾還原成原料，再製成新塑膠產品的方法。過程是先將塑膠垃圾洗淨並粉碎，變成碎片或顆粒狀的再生原料，然後就能重新製造各式各樣的產品。

②化學回收

ISO標準稱之為「原料性回收（feedstock recycling）」。也就是對塑膠垃圾進行化學分解，重生為各式各樣的化學原料。有用化學反應將垃圾還原成原料或單體重新利用的方法，也有在生成製鐵場所使用的還原劑、焦炭、瓦斯等的方法。

③熱回收

熱（thermal）回收這個詞是日本獨創的詞彙，在ISO標準稱為「能量性回收（energy recovery）」。也就是焚化垃圾轉化成電力來有效利用的方法。

資源回收的模範生：寶特瓶

由於塑膠的種類繁多，想要有效率地回收它們，就必須將它們加以分類。就這點來看，由於工廠等排出的工業廢棄物種類十分明確，且一次的量都很大，又比較沒有汙染和雜質，所以大多採用質料回收。

另一方面，一般家庭產生的塑膠垃圾則以容器和包裝為主，但混合了很多雜物，而且大多很髒，在回收前必須先跨過「分類」這堵高牆。在此背景下，寶特瓶可說是資源回收的模範生。因為寶特瓶只用到了PET（聚對苯二甲酸乙二酯）這一種材料，分類容易，且消費者也大多懂得該如何回收。

寶特瓶過去都是採用質料回收，會被再製成人工纖維或防水布等產品。因為重新製成飲料瓶會有衛生和品質方面的問題。然而近年已研發出可用化學回收將PET重新變回單體確保品質，重新製作成寶特瓶的回收技術。世界各國的眾多企業都在致力開發效率更好的回收技術。

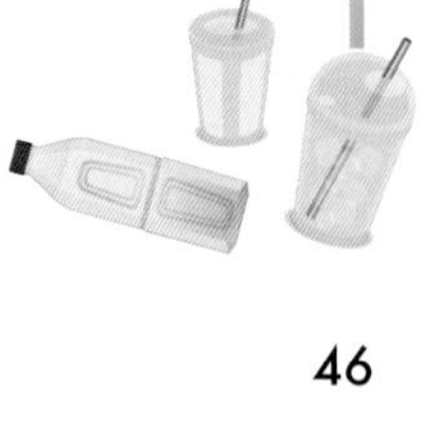

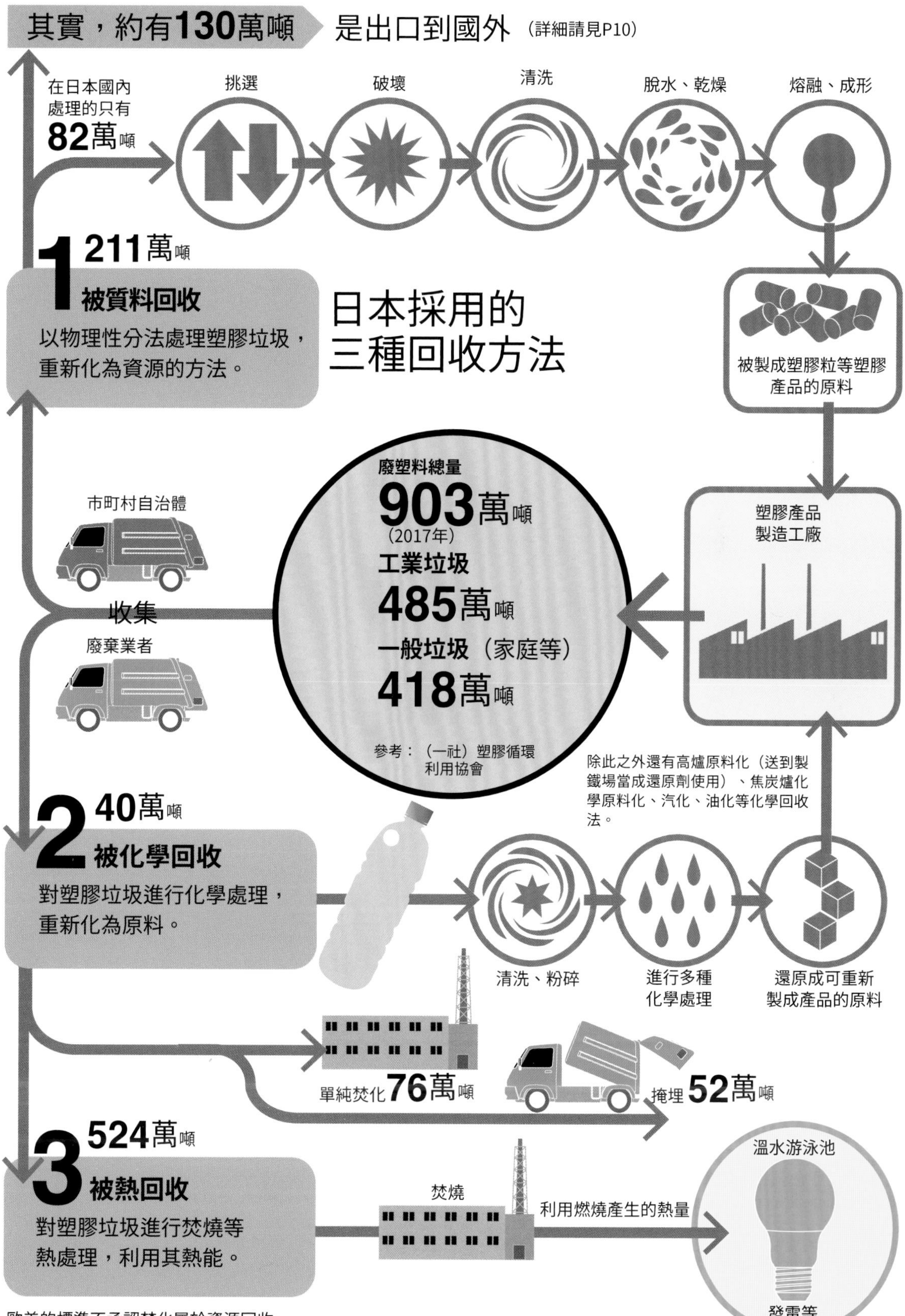
其實，約有130萬噸
是出口到國外
(詳細請見P10)
在日本國內處理的只有
82萬噸
挑選
破壞
清洗
脫水、乾燥
熔融、成形
被製成塑膠粒等塑膠產品的原料
1 211萬噸
被質料回收
以物理性分法處理塑膠垃圾，重新化為資源的方法。
日本採用的
三種回收方法
市町村自治體
收集
廢棄業者
廢塑料總量
903萬噸
(2017年)
工業垃圾
485萬噸
一般垃圾（家庭等）
418萬噸
參考：（一社）塑膠循環利用協會
塑膠產品
製造工廠
除此之外還有高爐原料化（送到製鐵場當成還原劑使用）、焦炭爐化學原料化、汽化、油化等化學回收法。
2 40萬噸
被化學回收
對塑膠垃圾進行化學處理，重新化為原料。
清洗、粉碎
進行多種化學處理
還原成可重新製成產品的原料
單純焚化76萬噸
掩埋 52萬噸
3 524萬噸
被熱回收
對塑膠垃圾進行焚燒等熱處理，利用其熱能。
焚燒
利用燃燒產生的熱量
溫水游泳池
發電等

歐美的標準不承認焚化屬於資源回收

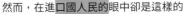

part 4

塑膠回收的現狀②

日本的塑膠垃圾有效利用率是86%，但實際上幾乎都是拿去燒!?

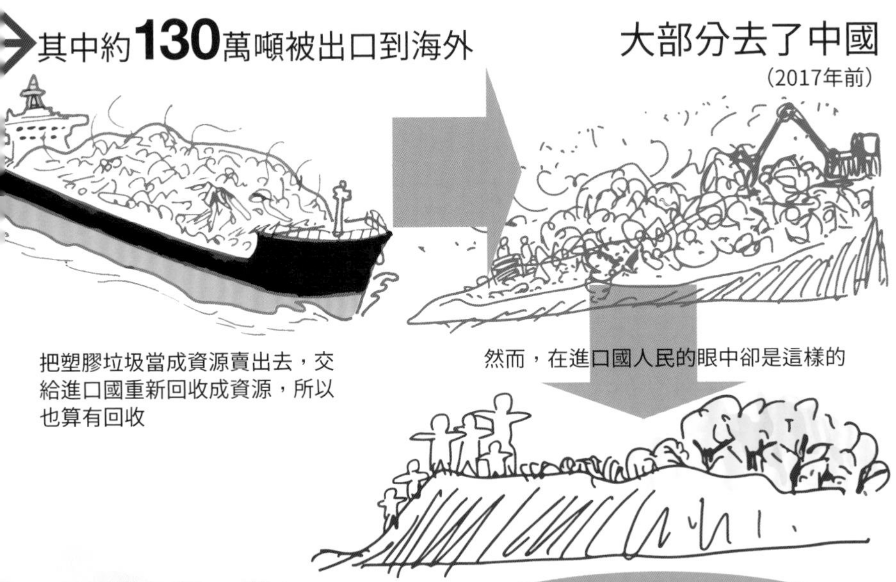

其中約130萬噸被出口到海外
大部分去了中國
（2017年前）
把塑膠垃圾當成資源賣出去，交給進口國重新回收成資源，所以也算有回收
然而，在進口國人民的眼中卻是這樣的

CO_2 造成全球暖化

日本把其他國家當成塑膠垃圾的垃圾場

世界的潮流是嚴格做好塑膠的資源回收

100%

國際飲料大廠致力於寶特瓶100%回收率

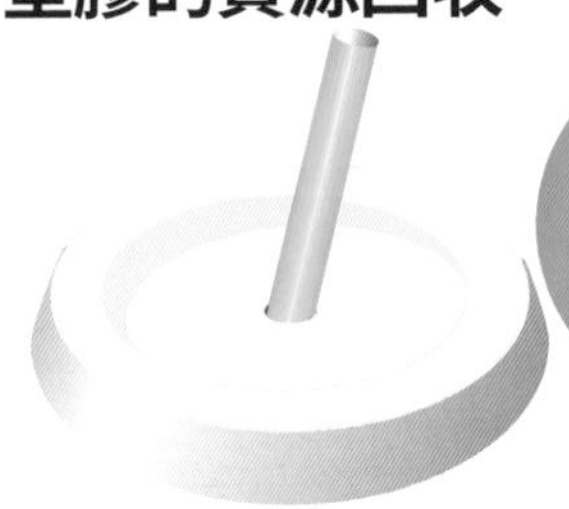

採用生物可分解的塑膠
（參照P66～67）

連鎖速食店改用天然材料製作吸管

把焚化當成資源回收的日本

現在的日本常被說是世界數一數二的資源回收優等生。的確，日本嚴格的垃圾分類和出色的垃圾回收體系，常被其他國家借鑑。

並且，塑膠垃圾的有效利用率也從2004年的57%逐年上升，在2017年達到85.8%。

然而，若具體看看裡面的細項，卻不禁讓人產生疑惑。一如上圖所示，在日本塑膠回收處理中，質料回收只占23.4%，化學回收更只有4.4%，遠遠遜於占全部58%的熱回收。

而所謂的熱回收，就是把垃圾當成燃料燒掉的利用方法。可一旦拿去燒掉，最初製造塑膠時使用的龐大能源和資源就全部白費了。如同前一單元所說的，焚化處理在外國被稱為「能量性回收」，就連ISO標準

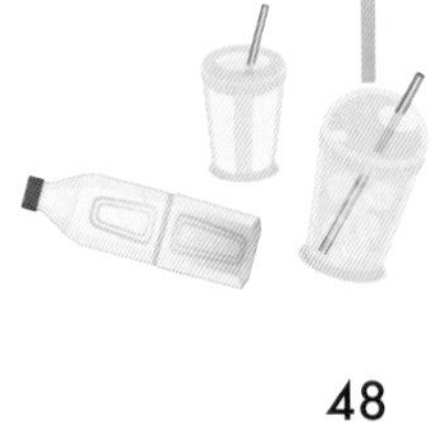

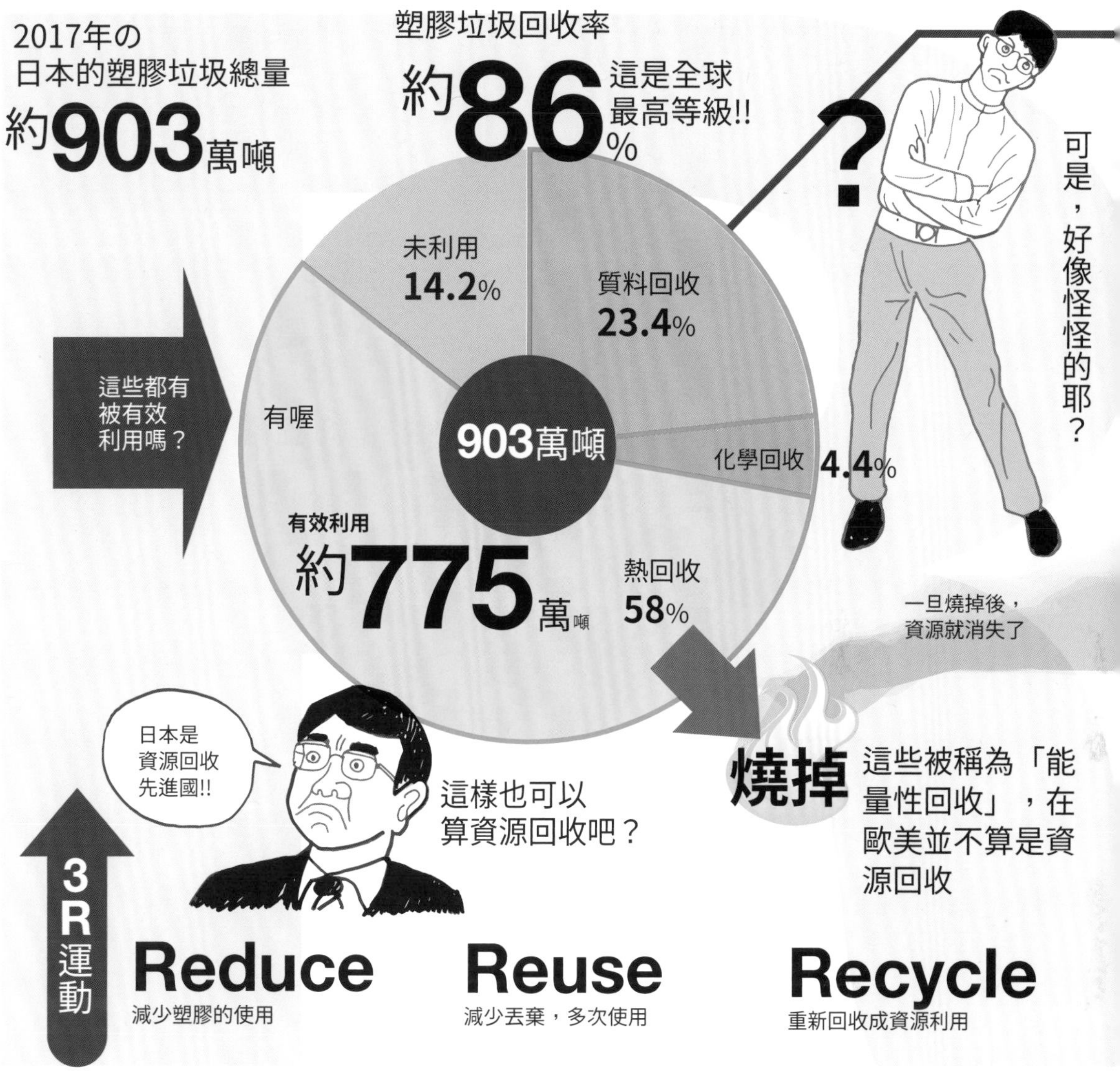
2017年の
日本的塑膠垃圾總量
約903萬噸
塑膠垃圾回收率
約86%
這是全球
最高等級!!
可是，好像怪怪的耶？
這些都有
被有效
利用嗎？
未利用
14.2%
質料回收
23.4%
有喔
903萬噸
化學回收 4.4%
有效利用
約775萬噸
熱回收
58%
一旦燒掉後，
資源就消失了
日本是
資源回收
先進國!!
這樣也可以
算資源回收吧？
燒掉
這些被稱為「能
量性回收」，在
歐美並不算是資
源回收
3R運動
Reduce
減少塑膠的使用
Reuse
減少丟棄，多次使用
Recycle
重新回收成資源利用

也在定義「資源回收」時也清楚載明「不包含能量性回收」。日本國內的焚化爐高達1103座，是世界最多焚化爐的國家。但要維持這些耗費龐大經費建造的焚化爐運轉，就必須確保有源源不絕的垃圾可以燃燒，顯得非常矛盾。

此外，就連當成還原劑和焦炭重新利用，也被算在4.4%的化學回收中。但這種回收法實際上也是把塑膠拿去燒掉，根本不符合資源回收「循環利用」的原始定義。仔細看下來就會發現，日本的塑膠垃圾其實大半都是拿去燒掉。

而且這裡頭還有另一個隱藏數字。如同在P10介紹的，日本每年都會把大量的塑膠垃圾「出口」到中國等地。在2017年，日本宣稱211萬噸的塑膠垃圾被質料回收，但其中約有61%是直接賣到外國。這些垃圾只是以回收的名目被賣到其他國家，根本無法判斷實際上是否有被確實回收。

世界各國的垃圾處理方法，回收率最高的是哪個國家？

歐洲是資源回收優等生

那麼世界各國都是如何處理各種垃圾的呢？左上方的圖表是依照世界主要國家的廢棄物處理法定義，資源回收、焚化的能量性回收、單純焚化、掩埋處理的垃圾量比例。跟最下面的日本相比，就能看出各國政策的差異。

首先，資源回收率最高的是歐洲各國。尤其德國和瑞典是知名的先進環保國家，很早就開始推動資源回收（P52～53）。

另一方面，亞洲國家資源回收率最高的是韓國。韓國跟日本一樣土地狹窄，不容易找到掩埋場，所以致力推動垃圾分類和資源回收，其成果也反映在數字上。

燃燒還是掩埋，各國的理由

對於無法回收利用的垃圾，大致有焚化和掩埋兩種做法。而焚化派的最大代表不用說就是日本。看看下方的塑膠垃圾處理比例圖，就能看出比起歐洲各國，日本的焚化比例明顯更高。

如同在前一單元講解的，日本政府把焚化式的能量性回收也定義為資源回收。然而，在人口眾多、垃圾製造也多的日本，發電只是次要目的，燒掉垃圾才是主要目的。而焚化垃圾產生的電力，主要也只提供公共設施使用。

而在焚化比率僅次於日本的瑞典，焚化垃圾產生的電力則用於填補當地居民的暖氣等必要的能量。甚至光靠國內的垃圾還不夠，必須從鄰國進口垃圾來發電。瑞典是從總能量循環的角度而選擇了焚化一途，這是日本想不到的。

另一方面，選擇掩埋派的大多是開發中國家，不過當中也有不少先進國家。例如垃圾大國美國約有5成，加拿大更有高達7成的垃圾採用掩埋方式處理。儘管圖表上沒有列出，但世界面積最大的俄羅斯也是以掩埋為主。整體來說，可看出國土遼闊的國家較多選擇掩埋。

而在國土狹小的歐洲，有的國家甚至立法禁止掩埋可再生的垃圾，掩埋的比例較低。雖然在沒有這種限制的義大利、英國、法國、西班牙，不論是全種類的垃圾，還是只看塑膠垃圾，掩埋的比例都比其他國家更高一些，但目前也是逐年減少。

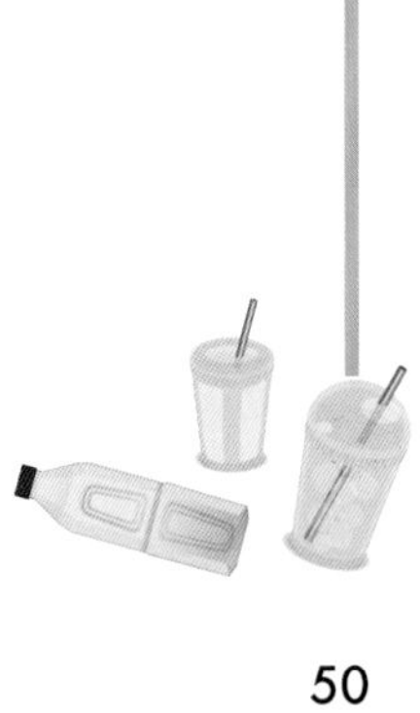

世界主要國家的廢棄物處理和資源回收現狀

參考：OECD（2013年）

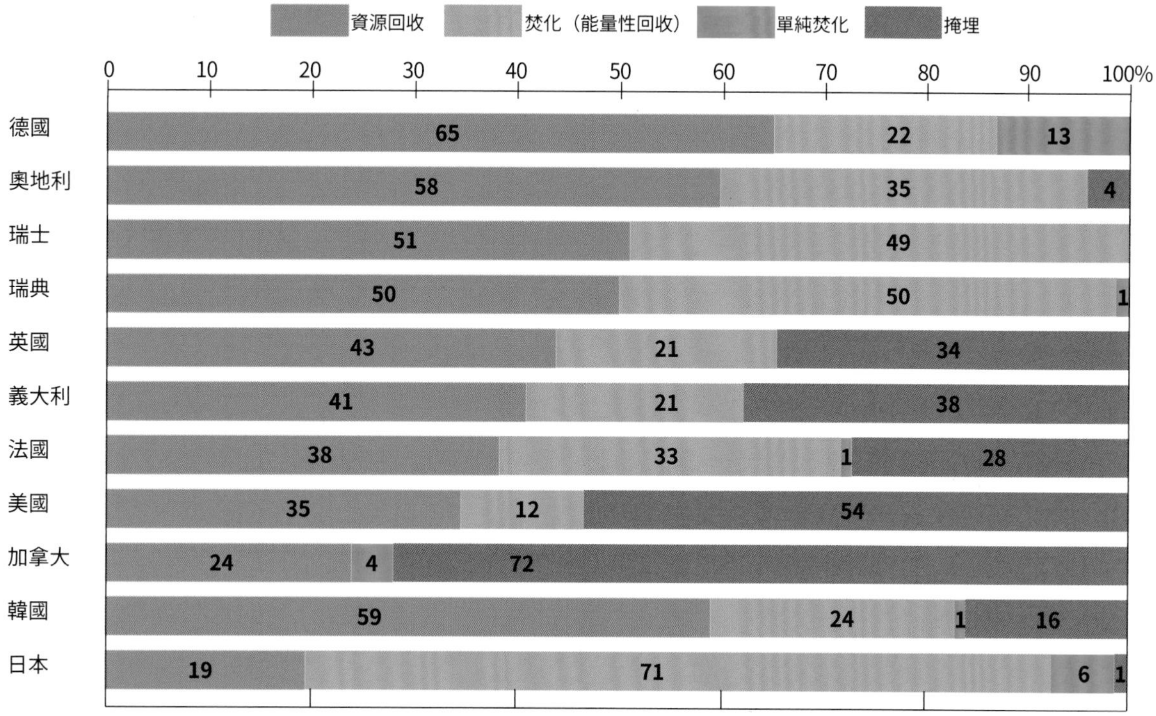

※此為四捨五入之數據，故有國家總和不滿100%

全球的垃圾處理傾向

1 土地狹窄的國家傾向不掩埋

在歐洲，由於①不易尋找土地②與焚化一樣會產生有害化學物質等理由而傾向不採用掩埋法。

2 土地遼闊的國家以掩埋法為主

在美國、加拿大、俄國、中國，掩埋的比例皆超過50%。

3 兩大焚化國完全相反的政策

日本
以焚燒垃圾為目的，將能量性回收定義為資源回收。

瑞典
自1904年起用焚化垃圾來補足地方暖氣的電力來源，有效利用垃圾。

歐洲各國和日本的塑膠回收率

資源回收　燃燒　掩埋

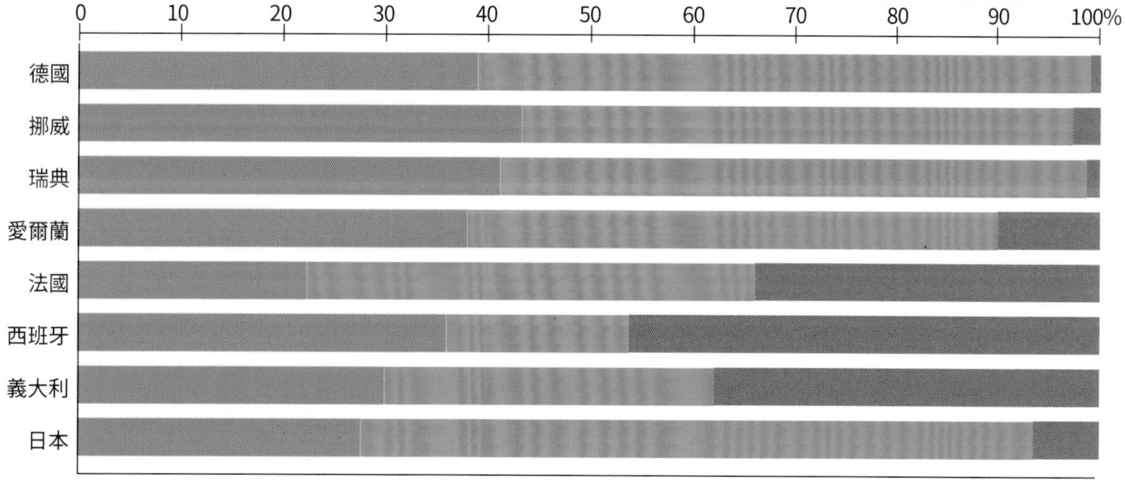

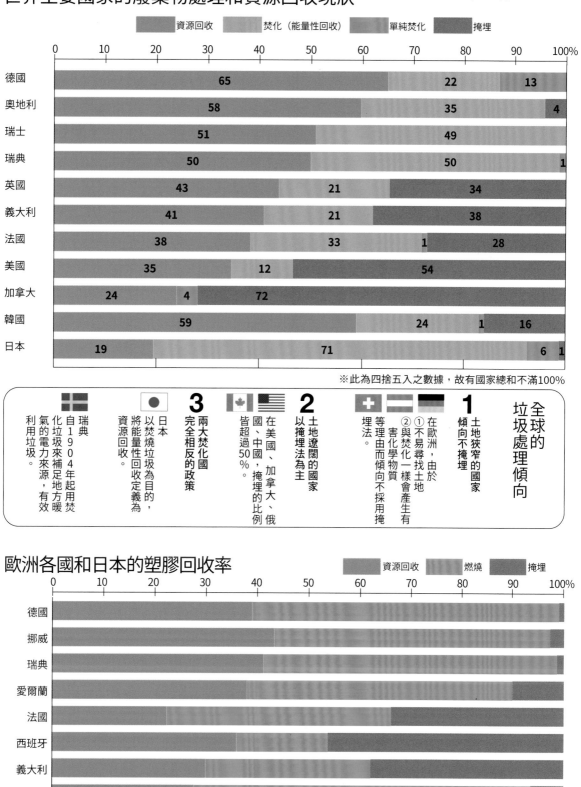

part 4

歐洲各國的垃圾戰略，用資源回收擺脫塑膠惡夢

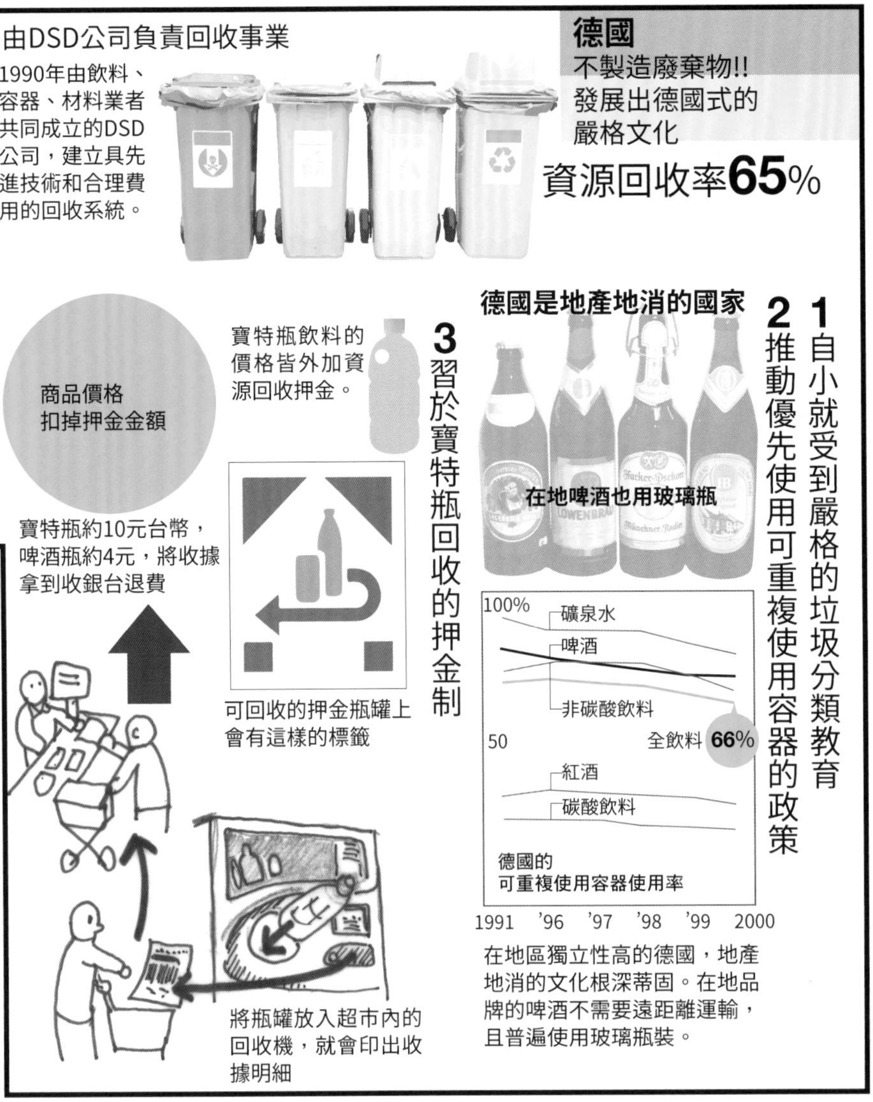
由DSD公司負責回收事業
1990年由飲料、容器、材料業者共同成立的DSD公司，建立具先進技術和合理費用的回收系統。
德國
不製造廢棄物!!
發展出德國式的嚴格文化
資源回收率65%
1 自小就受到嚴格的垃圾分類教育
2 推動優先使用可重複使用容器的政策
3 習於寶特瓶回收的押金制
德國是地產地消的國家
在地啤酒也用玻璃瓶
100%
礦泉水
啤酒
非碳酸飲料
50
全飲料 66%
紅酒
碳酸飲料
德國的
可重複使用容器使用率
1991 '96 '97 '98 '99 2000
在地區獨立性高的德國，地產地消的文化根深蒂固。在地品牌的啤酒不需要遠距離運輸，且普遍使用玻璃瓶裝。
寶特瓶飲料的價格皆外加資源回收押金。
商品價格
扣掉押金金額
可回收的押金瓶罐上會有這樣的標籤
寶特瓶約10元台幣，啤酒瓶約4元，將收據拿到收銀台退費
將瓶罐放入超市內的回收機，就會印出收據明細

用押金制度提高回收率

資源回收先進國德國基於「垃圾就是資源」的想法，推行嚴格的資源回收政策。其基本理念是資源回收所有可再生、再利用的東西，且不製造廢棄物（真正意義上的垃圾）。

早在1980年代開始，德國就已經推動可退回（returnable）容器的押金制度。所謂的押金制，就是在消費者購買的商品價格預先加上押金（deposit），只要將空的瓶罐拿到超市等地方回收就能取回押金的系統。例如德國的寶特瓶的押金約10元台幣，稱不上是便宜，大幅提高了回收率。

同樣以資源回收先進國聞名的瑞典也一樣引進了押金制，該國的寶特瓶回收率高達約8成。容器包裝的回收費用也都預先加在商品價格上。

在瑞典，掩埋處理的垃圾僅有1%，剩

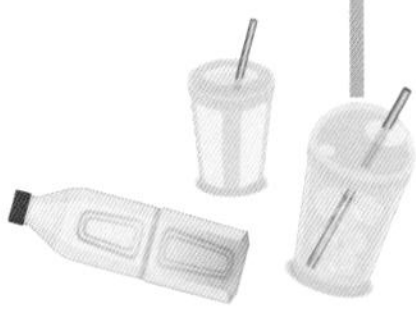

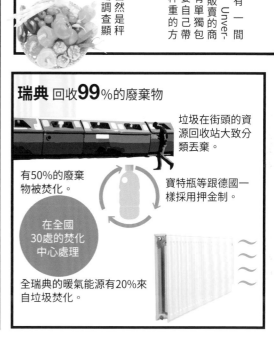

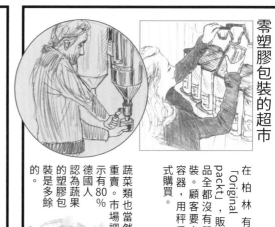

歐盟的塑膠戰略
在2021年前禁止一次性塑膠！

●被禁止的塑膠產品

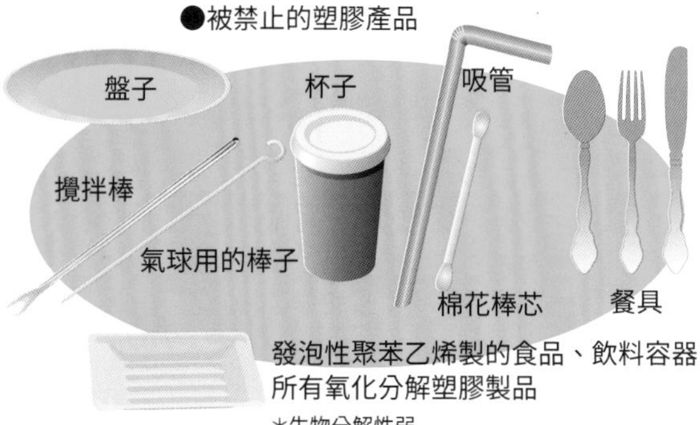
盤子
杯子
吸管
攪拌棒
氣球用的棒子
棉花棒芯
餐具

發泡性聚苯乙烯製的食品、飲料容器
所有氧化分解塑膠製品
*生物分解性弱

●達成目標

塑膠、瓶罐分類回收率	2029年前達到90%
寶特瓶的可再生材料含量	2025年起達到25%
所有塑膠瓶的可再生材料含量	2030年起達到30%

歐盟理事會在2019年5月的最終決議通過禁止一次性塑膠的法案。所有加盟國須在2年內納入國內法律。

參考：歐盟新聞稿

法國
全球第一個決定禁止一次性塑膠的國家

自2020年起禁止塑膠製的杯具、盤子。
自2021年起禁止吸管、餐具、保麗龍容器。

所有一次性餐具的生物性材料含量要超過50%。

法國的資源回收站

若商品使用不可再生的包裝材就會被罰款。

零塑膠包裝的超市

在柏林有一間「Original Unverpackt」，販賣的商品全都沒有單獨包裝。顧客要自己帶容器，用秤重的方式購買。

蔬菜類也當然是秤重賣。市場調查顯示有80%德國人認為蔬果的塑膠包裝是多餘的。

瑞典 回收99%的廢棄物

垃圾在街頭的資源回收站大致分類丟棄。

有50%的廢棄物被焚化。

寶特瓶等跟德國一樣採用押金制。

在全國30處的焚化中心處理

全瑞典的暖氣能源有20%來自垃圾焚化。

下99%中可回收的垃圾全都會回收，廚餘被做成肥料或生物燃氣的原料，剩下50%則如P51所見，拿去焚化提供當地的暖氣供應。可以說瑞典的垃圾處理特色，就是有計畫地有效利用垃圾。

歐盟禁止一次性塑膠垃圾

團結歐洲27國的歐盟為解決海洋垃圾問題，提出了大膽的塑膠戰略。資源回收的推動自不用說，歐盟更通過了在2021年前禁止一次性塑膠產品的法案。而所有加盟國都有義務修法因應這項法案。

目前法國已成為全球第一個頒布禁止使用一次性塑膠產品的國家，並於2020年1月起部分實施。歐盟從資源回收到禁止一次性塑膠製品的態度，正逐漸成為世界的指引。

part
4

在以經濟爲先的垃圾大國美國面臨困境的回收事業

資源回收不划算!?

全球數一數二的垃圾製造國美國雖然也有推動資源回收，但每個州和城市的垃圾政策分歧很大。

資源回收最積極的是加州。在加州，垃圾回收容器分成可回收物（資源）、堆肥物（廚餘等）、掩埋物（其他垃圾）三種顏色，回收費用由居民負擔。塑膠類和瓶罐一樣被歸類為可回收的資源，在專門的處理設施進行分類。由於加州極少成本高昂的焚化爐，所以不依賴焚化，運用資源回收和堆肥來嚴格減少掩埋垃圾。而這個簡單的方式也成功奏效，令加州成為全美首屈一指，資源回收率超過50％的國家。

儘管同樣採取資源回收的州和城市正在慢慢增加，但美國整體的回收率相較歐洲仍然很低，只看塑膠垃圾的話，依然只有大約9％左右。

而令這情況雪上加霜的，便是中國的塑膠垃圾禁令。以前被大量出口到中國的塑膠垃圾，現在都必須靠自己資源回收，使資源回收的成本高升。由於民間的大型回收公司要求地方政府支付此費用，因此也有些地方政府決定中止資源回收。

如上所見，現在美國的資源回收事業正面臨瓶頸，但另一方面就跟歐洲一樣，美國國內支持一次性塑膠禁令的呼聲卻逐漸高漲。目前加州、華盛頓、夏威夷等地已開始管制塑膠袋。另外，美國國內一天就要消耗5億根吸管，2018年美國主要都市中的西雅圖也宣布禁止使用塑膠吸管。加州也在2019年跟進禁止。

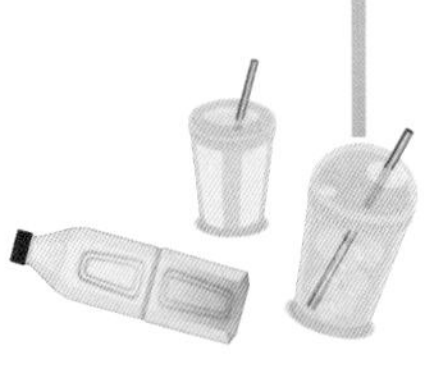

美國
遇到瓶頸的回收事業

NO!!
中國拒絕進口塑膠垃圾

全球的塑膠回收情況

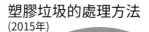

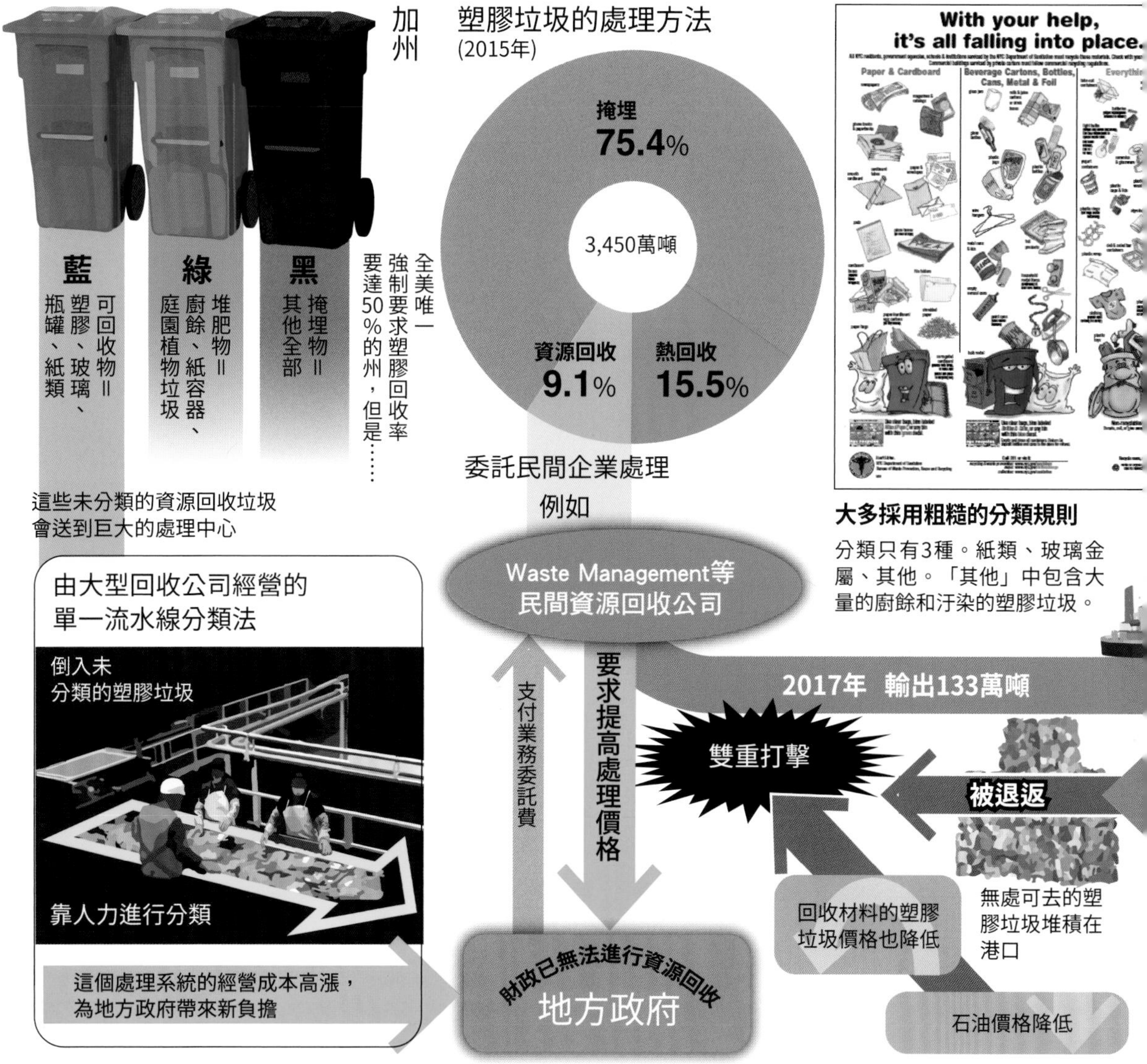
加州
塑膠垃圾的處理方法
(2015年)
掩埋
75.4%
3,450萬噸
資源回收
9.1%
熱回收
15.5%
藍
可回收物＝
塑膠、玻璃、
瓶罐、紙類
綠
堆肥物＝
廚餘、紙容器、
庭園植物垃圾
黑
掩埋物＝
其他全部
全美唯一
強制要求塑膠回收率
要達50%的州，但是……
With your help,
it's all falling into place.
Paper & Cardboard
Beverage Cartons, Bottles, Cans, Metal & Foil
大多採用粗糙的分類規則
分類只有3種。紙類、玻璃金屬、其他。「其他」中包含大量的廚餘和汙染的塑膠垃圾。
委託民間企業處理
例如
Waste Management等
民間資源回收公司
這些未分類的資源回收垃圾
會送到巨大的處理中心
由大型回收公司經營的
單一流水線分類法
倒入未
分類的塑膠垃圾
靠人力進行分類
這個處理系統的經營成本高漲，
為地方政府帶來新負擔
支付業務委託費
要求提高處理價格
財政已無法進行資源回收
地方政府
2017年　輸出133萬噸
雙重打擊
被退返
無處可去的塑膠垃圾堆積在港口
回收材料的塑膠垃圾價格也降低
石油價格降低

中國

在上海實施的嚴格垃圾分類

上海市生活垃圾分类投放指南

發給市民的分類手冊太過複雜，讓人眼花撩亂。有些地區的專用垃圾袋上還有QR碼，可以辨認是誰丟的垃圾。

俄國

總統普丁發表「乾淨國家」宣言。但垃圾處理停滯不前

每年製造約7000萬噸垃圾。其中9成掩埋處理，但處理場已幾乎飽和。2019年起制定資源回收分類規則，但遇到人民不配合的問題。

印尼

用海藻製作可以吃的塑膠

由一間名為Evoware的新創公司研發，用海藻製造可溶於溫水的塑膠代替品正受到關注。

印度

用廢塑料蓋高速公路

利用廢塑料當成鋪路材料。印度擁有獨家技術，已用塑膠混合柏油鋪設了數千公里的道路。

企業終於開始行動，主軸是資源回收和開發新材料

國際企業推動資源回收

環保團體綠色和平組織在全球6大洲進行大規模的清潔活動，回收了超過18萬7000件垃圾。他們將當中的一次性塑膠垃圾依製造商分類，然後按數量排序，得到的結果就是左頁的名單。可口可樂、百事可樂、雀巢，名單上都是家喻戶曉的國際企業。

一直以來就不斷有專家指出，塑膠垃圾問題不能光靠消費者和地方政府，還需要製造塑膠產品的企業一起攜手合作。在海洋垃圾問題已成為全球焦點的現在，企業方終於也開始採取對策。

可口可樂已設定在2030年前使自家產品使用的寶特瓶資源回收率達到100%的目標。而百事也同樣設下在2025年達到容器100%回收的目標。而且這2間公司皆已表明會退出塑膠產業協會。它們透過退出反對限制塑膠容器的該協會，展現了自己與致力減少塑膠垃圾的全球浪潮站在一起的決心。除此之外，如同左頁可見，還有很多企業也都開始投入資源回收。

化學回收與生物性材料

參與這股浪潮的不只有使用一次性容器的公司，還有使用合成纖維的公司。

美國知名的服飾廠商巴塔哥尼亞（Patagonia）在1993年成為全球首間使用寶特瓶再生纖維製造衣物的公司。在日本，東洋紡、尤尼吉可（UNITIKA）等紡織大廠也開始致力於回收和再生寶特瓶。另外，東麗公司也很早就研發出解聚合（參照P26）自家開發的尼龍6樹脂再重新製成產品的化學回收技術，且已實際用於回收的制服和漁網。

與資源回收同步並進的，還有生物性塑膠的轉換。在塑膠吸管卡在海龜鼻孔內的衝擊性影像震驚社會大眾後，人們便開始關注生物可分解吸管，日本的大型超商7-11也已實驗性地引進部分門市。

而在積極研發生物性材料的歐洲，丹麥的玩具製造商樂高公司為了讓孩童能安心地玩玩具，正逐漸把積木的材質從ABS樹脂換成生物性材料。還有，德國的大型化學製造商BASF開發的生物可分解塑膠ecovio，也被認為有望成為垃圾袋、農業塑膠布、以及發泡性聚苯乙烯的代替品。關於生物性塑膠的部分，詳細可見P66～67的介紹。

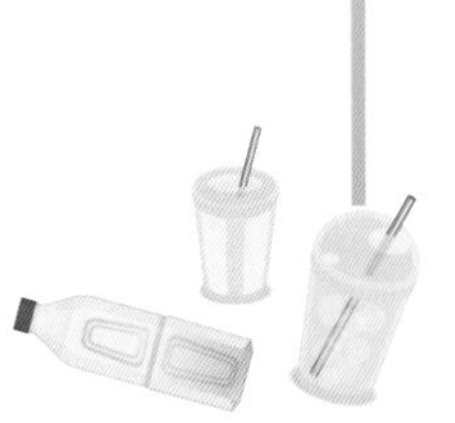

日本研發的吃塑膠酵素引起全球關注

寶特瓶

在自然界分解 100年…

需要數百年

PETase登場

只要幾天就能被有機分解

塑膠垃圾問題終於看到曙光!?

在大阪的資源回收廠發現某種細菌 ← 大阪堺菌

↓

日本研究團隊大幅提升該細菌的分解能力 → 這種細菌分泌的酵素就是 PETase

界面活性作用

可發揮100倍以上的分解能力

全球企業已開始採取行動

可口可樂 在2030年前達成容器100%回收率

百事 在2025年前達成容器100%資源回收化

億滋 在2025年前將所有產品包裝換成可資源回收的材料

雀巢 在2025年前實現所有容器的資源再利用化

樂高 在2030年將所有產品材料從ABS樹脂換成生物性塑膠

在海岸找到的塑膠垃圾生產商排名

前**3**名公司的產品就占全球塑膠垃圾的**14**%

1. **可口可樂**（美國）
2. **百事**（美國）
3. **雀巢**（瑞士）
4. **達能**（法國）
5. **億滋**（美國）
6. **寶僑**（美國）
7. **聯合利華**（英國、荷蘭）
8. **不凡帝范梅勒**（荷蘭、義大利）
9. **瑪氏食品**（美國）
10. **高露潔**（美國）

綠色和平調查

同時全球也在研發具生物可分解性的新塑膠材料

歐洲已率先向生物可分解塑膠轉移

德國BASF公司

可完全被生物分解的發泡性塑料「ecovio」

聚乳酸＋共聚酯可作為保麗龍的替代品

日本的鐘淵公司也在努力

鐘淵＋7&I控股共同用生物可分解材料製作吸管

在歐洲，「鐘淵生物分解聚合物PHBH」已被認定為合格的包裝材料

國際環保NGO
世界自然基金會（WWF）
如此倡議

只要全球前**100**大的企業和政府組織聯手，就能減少**1,000**萬噸的塑膠垃圾

日本的紡織製造商長期推動自家產品的資源回收

自1970年代起已研發可完全循環的化學資源回收技術

東麗

尼龍6 → CYCLEAD → 纖維原料

聚酯 → CYCLEAD → 拉鏈等

東洋紡STC

寶特瓶 回收 → ECHOR CLUB → 工作服、白衣、包包

尤尼吉可

寶特瓶 回收 → 再生聚酯纖維 → 氈製品等

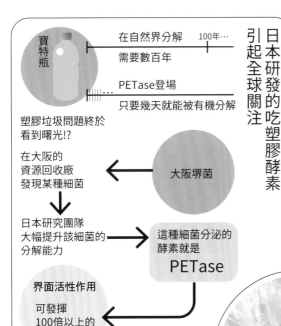

part
4

塑膠回收的現狀⑦

日本的容器包裝回收法根本無助減少塑膠垃圾!?

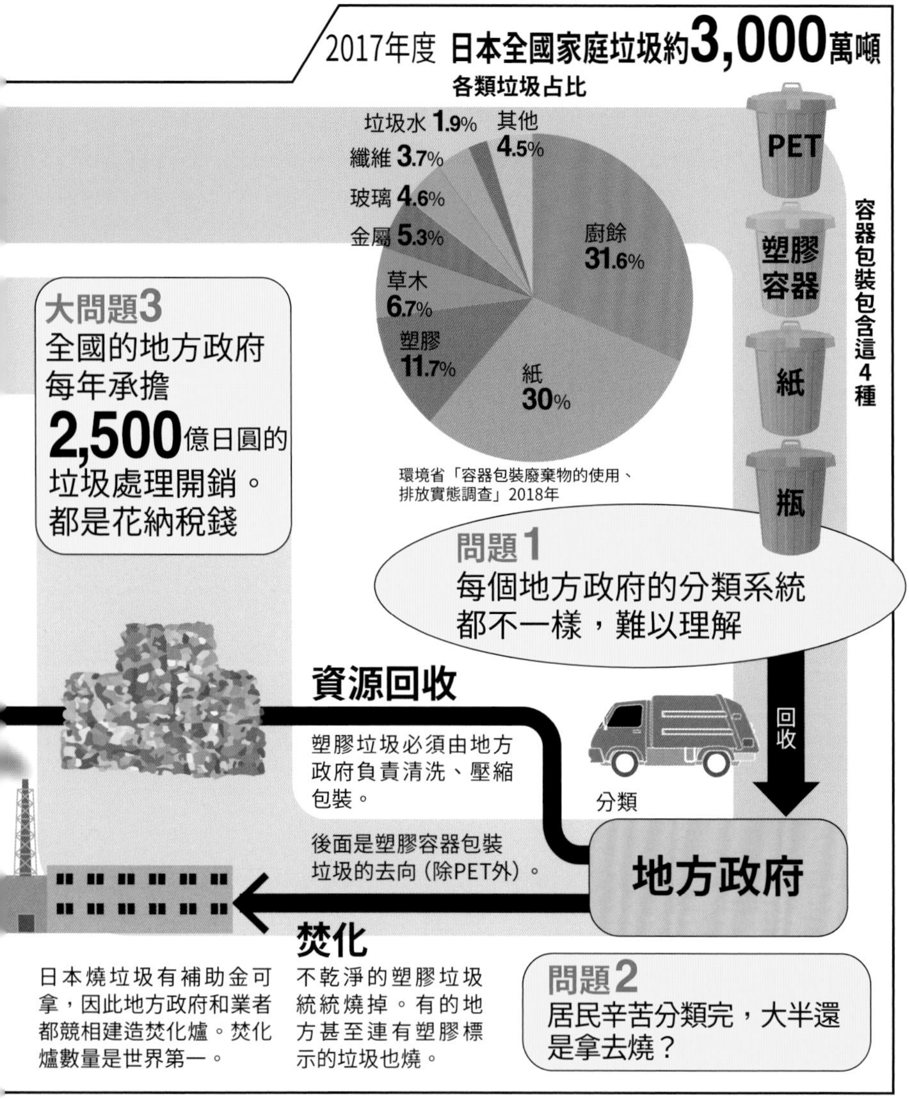
2017年度 日本全國家庭垃圾約3,000萬噸
各類垃圾占比
垃圾水 1.9%
其他 4.5%
纖維 3.7%
玻璃 4.6%
金屬 5.3%
草木 6.7%
塑膠 11.7%
紙 30%
廚餘 31.6%
環境省「容器包裝廢棄物的使用、排放實態調查」2018年
PET
塑膠容器
紙
瓶
容器包裝包含這4種
大問題3
全國的地方政府每年承擔2,500億日圓的垃圾處理開銷。都是花納稅錢
問題1
每個地方政府的分類系統都不一樣，難以理解
回收
分類
資源回收
塑膠垃圾必須由地方政府負責清洗、壓縮包裝。
後面是塑膠容器包裝垃圾的去向（除PET外）。
地方政府
焚化
日本燒垃圾有補助金可拿，因此地方政府和業者都競相建造焚化爐。焚化爐數量是世界第一。
不乾淨的塑膠垃圾統統燒掉。有的地方甚至連有塑膠標示的垃圾也燒。
問題2
居民辛苦分類完，大半還是拿去燒？

地方政府的負擔比企業更重

日本於１９９５年制訂容器包裝回收法，於１９９７年規定企業有義務資源回收寶特瓶、瓶罐的異物，於２０００年再追加塑膠、紙類等容器包裝垃圾。

實際的運作流程大略是：①製造、使用、販賣容器包裝的企業向負責做資源回收的協會支付處理費。②消費者做垃圾分類後丟棄。③地方政府收集、篩選民眾丟棄的垃圾，運給資源回收業者。④回收業者從協會拿到經費。

然而，除了可再生性高的寶特瓶外，其餘各種各樣的塑膠容器包裝實際上大多都是拿去燒掉。其原因之一，是因為資源回收業者不接收不乾淨，和裡面仍有殘留物的包裝垃圾。而另一個原因，則是日本政府在修法後把熱回收，也就是焚化也認定為一種資源回收。

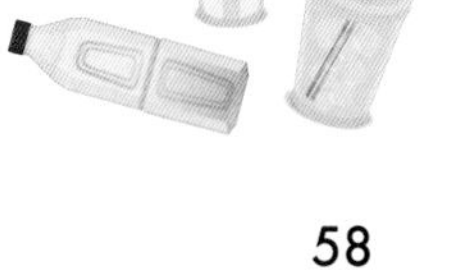

容器包裝回收法與塑膠垃圾回收的問題點

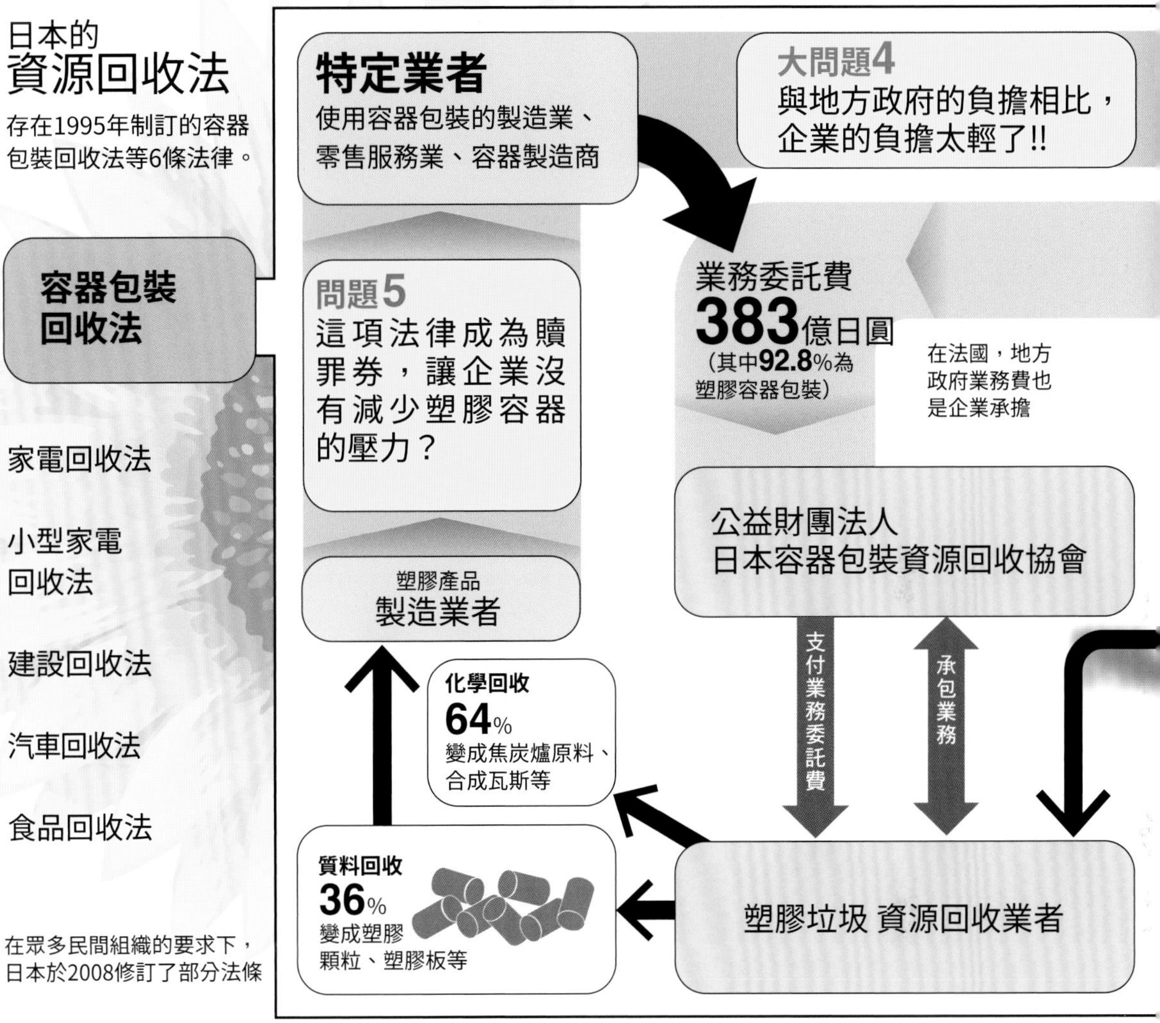
日本的
資源回收法
存在1995年制訂的容器包裝回收法等6條法律。
容器包裝回收法
家電回收法
小型家電回收法
建設回收法
汽車回收法
食品回收法
在眾多民間組織的要求下，日本於2008修訂了部分法條
特定業者
使用容器包裝的製造業、零售服務業、容器製造商
大問題4
與地方政府的負擔相比，企業的負擔太輕了!!
業務委託費
383億日圓
(其中92.8%為塑膠容器包裝)
在法國，地方政府業務費也是企業承擔
問題5
這項法律成為贖罪券，讓企業沒有減少塑膠容器的壓力？
公益財團法人
日本容器包裝資源回收協會
支付業務委託費
承包業務
塑膠產品
製造業者
化學回收
64%
變成焦炭爐原料、合成瓦斯等
質料回收
36%
變成塑膠顆粒、塑膠板等
塑膠垃圾 資源回收業者

事實上，東京23區中有6個區將有塑膠標示的容器包裝歸類為「可燃垃圾」。整體上，在日本規模愈小的行政區對資源回收的態度愈積極，而不同地方的垃圾處理政策各不相同。此外，「容器包裝」的定義也難以理解，讓消費者暈頭轉向。

但最大的問題在於地方政府的負擔。在把垃圾運給回收業者前，必須先去除裡面的雜質，再將垃圾壓縮以便運送，而且在運送前還必須有地方儲藏。日本全國合計每年推估要花費2500億日圓在上述開銷，相反地企業的負擔金額（委託金）只有約380億日圓。事實上企業並不需要對所有產品，只需要對實際有被回收的垃圾量支付費用。而且還有批評指出有不少公司還是從來沒有付過錢的「搭霸王車公司」。不僅如此，這個做法還導致企業在付完應付的金額後就不會再努力減少塑膠容器，消費者也過度依賴資源回收而肆無忌憚地製造垃圾，構成惡性循環。

對塑膠的生命週期負責。未來的資源回收觀念

阻礙資源回收的材料特性

全球的塑膠資源回收率其實只有少少9％不到。

資源回收進展緩慢的原因之一是成本高昂，且無利可圖。同時，回收再利用的塑膠品質無論如何都不比新製造的塑膠。

而另一個重大理由，則是塑膠材料本身的複雜性。首先，塑膠的種類實在太多繁雜。要對塑膠做資源回收，首先必須先區分聚乙烯、ＰＥＴ等不同種類的塑膠，而這個分類的工作幾乎完全依賴人力。

第二個問題，是很多塑膠產品都是含有多種材料。尤其日本的產品比歐美更重視性能，因此大量使用複合材料。例如包裝食品用的塑膠膜，就結合了可隔絕空氣的尼龍、可阻隔水氣的聚乙烯等材料，依照食品內容物的差異，往往會結合數層不同性質的材料。這種複雜的材料想當然更難回收。不僅如此，塑膠中的添加劑也提高了回收的難度。

由此可見，只要企業繼續生產、使用難以回收的材料，我們就永遠無法有效地運用源自有限石油資源的塑膠。

從搖籃到搖籃

在資源回收先進國的德國，包裝垃圾的處理責任是由生產用到這些包裝的產品製造商承擔，要求企業在產品的開發階段就必須考慮到資源回收。換言之，企業不能用「從搖籃到墳墓」，而必須基於「從搖籃到搖籃」的思維致力打造可循環的模式，為產品的整個生命週期負責。

左頁繪製的是理想的塑膠資源回收做法。

首先，製造、販賣塑膠產品以及產品有用到塑膠容器包裝的企業，必須企劃、設計易於回收利用的產品。然後在產品報廢後將其回收再生，重新送入市場。

消費者則應反省用過即丟的生活習慣，同時做好清洗和分類垃圾的工作，讓塑膠垃圾更容易回收。

而在行政的部分，地方政府則負責用可以有效利用資源的方法處理回收的塑膠垃圾，而不是拿去燒掉，更別說是賣到外國。

在這具一貫性的資源回收網路中，生產者、消費者、政府都必須盡力做好自己分內的工作。

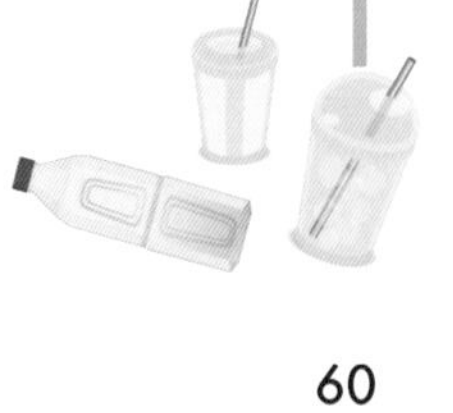

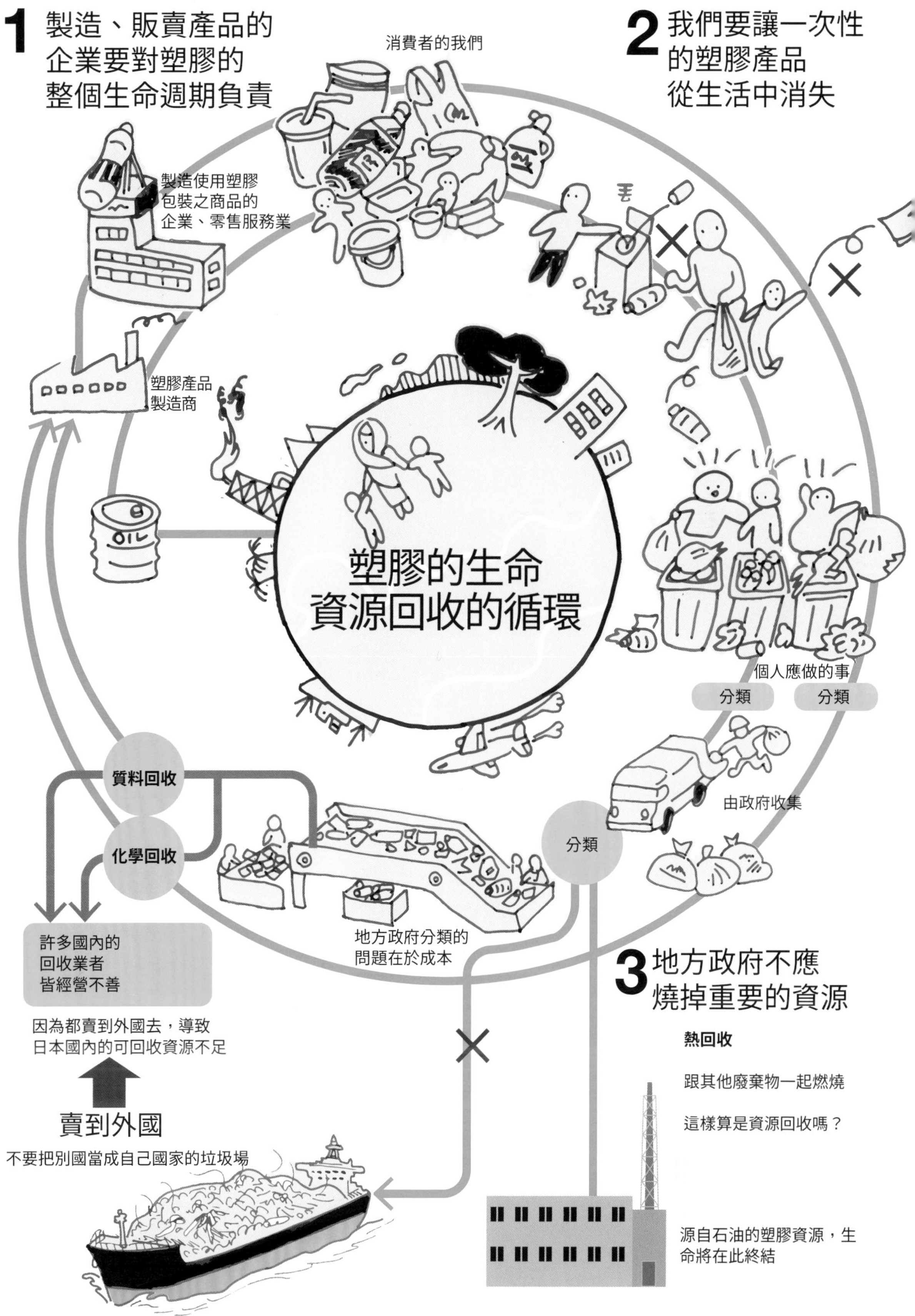
1 製造、販賣產品的企業要對塑膠的整個生命週期負責
消費者的我們
2 我們要讓一次性的塑膠產品從生活中消失
製造使用塑膠包裝之商品的企業、零售服務業
塑膠產品製造商
塑膠的生命
資源回收的循環
個人應做的事
分類
分類
由政府收集
分類
質料回收
化學回收
許多國內的回收業者皆經營不善
因為都賣到外國去，導致日本國內的可回收資源不足
賣到外國
不要把別國當成自己國家的垃圾場
地方政府分類的問題在於成本
3 地方政府不應燒掉重要的資源
熱回收
跟其他廢棄物一起燃燒
這樣算是資源回收嗎？
源自石油的塑膠資源，生命將在此終結

成的永續發展目標 SDGs

優質教育
5 性別平等
6 潔淨飲水與衛生設施
減少不平等
11 永續鄉鎮
12 負責的生產與消費
和平、正義與健全制度
17 永續發展夥伴關係
SUSTAINABLE DEVELOPMENT GOALS
以 2030 年為期限，全世界共同努力的「永續發展目標」

圖片來源：聯合國教科文組織

目標 14 以永續發展為目標，保育並以永續的形式來利用海洋與海洋資源。

目標 15 推動陸上生態系統的保護、恢復與永續利用，確保森林的永續管理與沙漠化的因應之策，防止土地劣化並加以復原，並阻止生物多樣性消失。

目標 11 打造包容、安全、堅韌且永續的都市與鄉村。

目標 12 確保永續的消費與生產模式。

目標 13 採取緊急措施以因應氣候變遷及其影響。

目標 16 以永續發展為目標，推動和平且包容的社會，為所有人提供司法管道，並建立一套適用所有階級、有效、負責且兼容並蓄的制度。

目標 17 以永續發展為目標，加強執行手段，並促進全球夥伴關係。

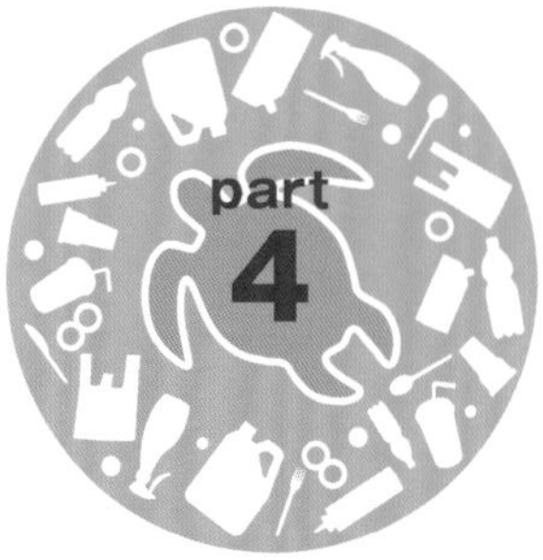
part 4

聯合國永續發展目標，2030年前我們該做的事

全球共通的塑膠垃圾問題

加盟聯合國的193個成員國，在2015年提出了「2030永續發展議程（agenda）」。並在此議程中宣布了上圖的17個「永續發展目標（SDGs）」，以及其下169個具體的細項目標，設下在2030年前達成的時間表。

所謂的「永續發展」，指的是不僅以滿足當前世代的需求為目的，而能同時滿足未來世代需求的發展方式。而永續發展目標則是督促全球各國家齊心協力，解決地球上現存的各種問題，以實現健康發展為目的的指引。

海洋塑膠問題也是其中一項必須盡快解決的課題，被列為目標14的細項目標之一。其具體內容為「在西元2025年以前，預防及大幅減少各式各樣的海洋汙染，尤其是來自陸上活動的汙染，包括海洋廢棄物以及

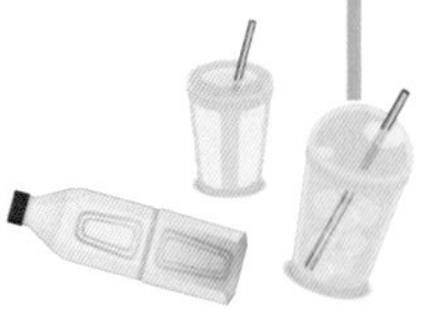

聯合國在 2030 年前要

1 消除貧窮
2 終止飢餓
3 良好 健康與福祉
7 可負擔的 乾淨能源
8 優質工作與 經濟成長
9 工業、創新 與基礎建設
13 氣候行動
14 海洋生態
15 陸域生態

目標 1 終結各地一切形式的貧窮。

目標 2 終結飢餓，確保糧食穩定並改善營養狀態，同時推動永續農業。

目標 3 確保各年齡層人人都享有健康的生活，並推動其福祉。

目標 4 確保有教無類、公平以及高品質的教育，及提倡終身學習。

目標 5 實現性別平等，並賦權所有的女性與女童。

目標 6 確保人人都享有水與衛生，並做好永續管理。

目標 7 確保人人都享有負擔得起、可靠且永續的近代能源。

目標 8 推動兼容並蓄且永續的經濟成長，達到全面且有生產力的就業，確保全民享有優質就業機會。

目標 9 完善堅韌的基礎設施，推動兼容並蓄且永續的產業化，同時擴大創新。

目標 10 導正國家內部與國家之間的不平等。

營養汙染」。

此外，目標12也提出了「在西元2030年以前，透過預防、減量、回收與再使用大幅減少廢棄物的產生」的細項目標。

呼應這項宣言，在2017年舉行的首屆聯合國海洋會議上，全會一致通過削減海洋塑膠垃圾的行動呼籲。

在2018年於加拿大舉行的G7峰會上，加拿大、法國、德國、義大利、英國、歐盟皆簽署了「海洋塑膠憲章」。這份憲章提出了「在2030年以前與產業界合作，讓所有塑膠製品以任何形式實現可再利用與回收」的目標，實際上就是宣布將管制塑膠。儘管當時日本以會影響塑膠產業為由，與美國共同拒絕簽署而遭到不少批判，但在隔年的G20大阪峰會（參照P8）上，仍展現了處理海洋塑膠問題的積極態度。

在聯合國主導下，世界正逐漸統一腳步，開始努力進行資源回收，並減少塑膠垃圾本身的製造量。

用資源回收「減少」、「不用」，從3R到4R的轉換

資源回收是處理垃圾的最後手段

起始於1990年代的資源回收措施雖然有一定的成效，但並沒有從根本上解決塑膠垃圾問題。如同聯合國公布的永續發展目標將預防和減少廢棄物產生列為重中之重，任誰都看得出來，現在最需要盡快推動的措施應該是極力減少製造塑膠垃圾。

不只是塑膠，早在過去就已經有人針對所有的垃圾問題提出Reduce（減量）、Reuse（重複使用）、Recycle（回收）的「3R運動」。而現在更增加了一個Refuse（拒絕）升級成「4R運動」，形成全球的浪潮。

這4個R的優先順序如下：

① Refuse（拒絕、不用）
不購買、不收受會製造垃圾的產品。

② Reduce（減量）
減少會製造垃圾的產品。

③ Reuse（重複使用）
重複使用仍然可用的東西。

④ Recycle（回收）
資源回收可以再生的東西。

換言之，要解決垃圾問題，重要的是不使用會變成垃圾的東西，或減少該類產品的使用量，資源回收乃是最後的手段。

然而在日本，地方政府的垃圾處理優先順序卻是**①回收**、**②焚化**、**③掩埋**，讓人不自覺地把努力分類並回收垃圾當成一種義務。資源回收是在1990年代開始被視為一種對環境友善的生活方式，但當時的環境跟現在大不相同。因為塑膠製的一次性容器包裝是在2000年以後才開始爆量增加。

在不管買什麼東西都一定包著一層塑膠的現在，我們必須重新認識到資源回收只是處理垃圾的最終手段。與此同時，以用完即丟為前提而設計的塑膠產品本質上就不適合重複使用。話雖如此，現代生活要完全脫離塑膠並不現實。既然如此，現在我們馬上能做到的就只有減少塑膠的使用。

下一頁開始，我們將穿插各種實施範例，介紹除了資源回收和重複使用以外的塑膠垃圾解決方案。

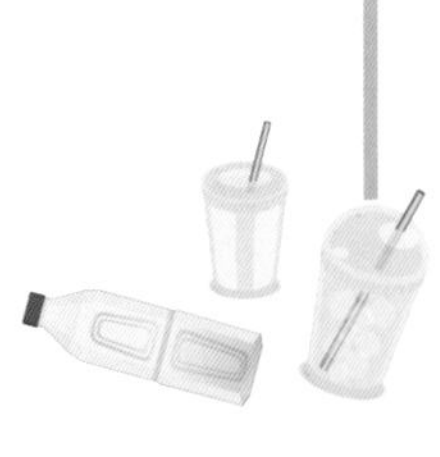

塑膠垃圾問題必須從源頭阻絕

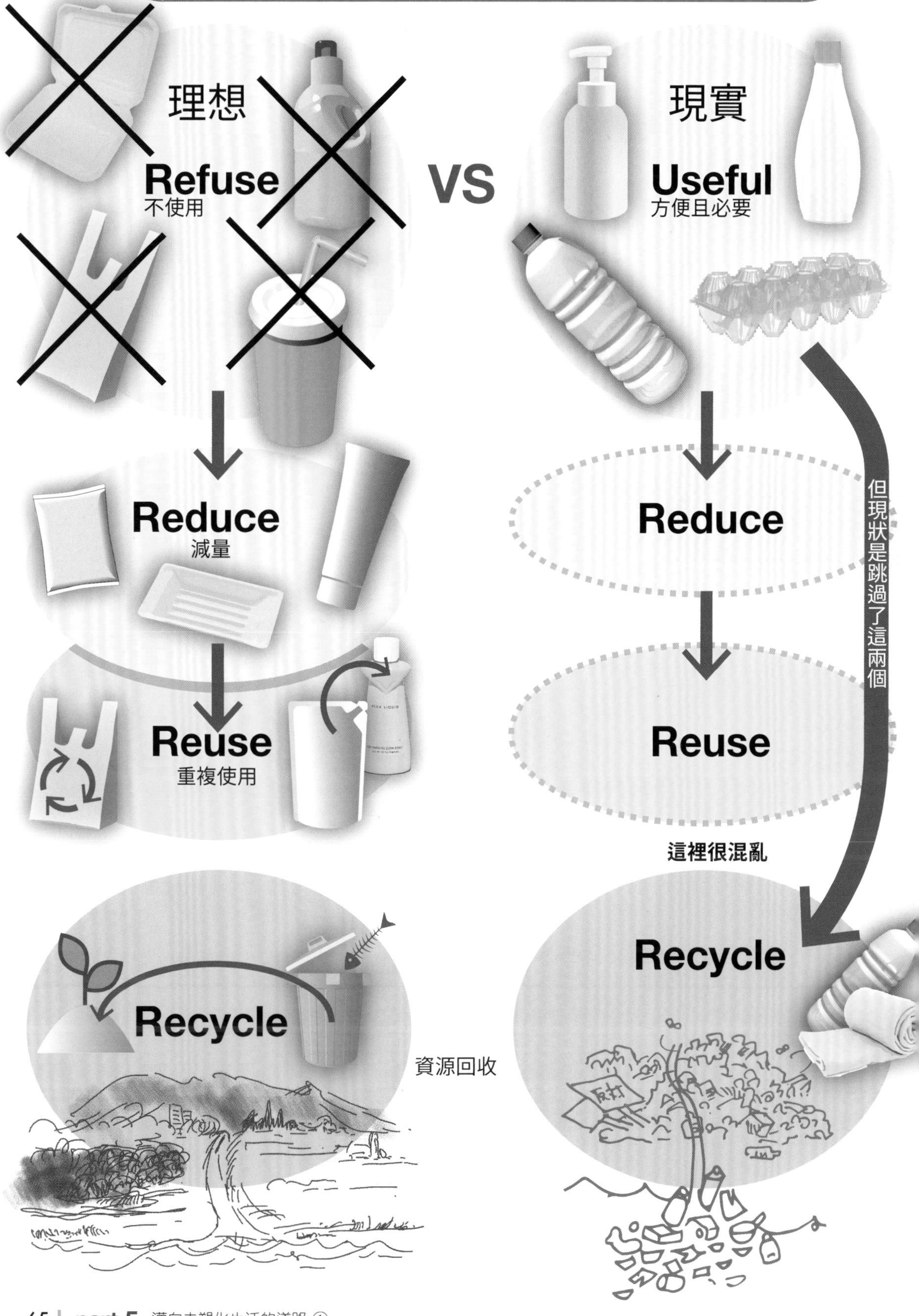
理想
Refuse
不使用
VS
現實
Useful
方便且必要
Reduce
減量
Reuse
重複使用
Recycle
資源回收
Reduce
Reuse
但現狀是跳過了這兩個
這裡很混亂
Recycle

可回歸自然的生物塑料真能解決塑膠問題嗎？

生物可分解塑膠也會製造問題

塑膠最大問題是不能被生物分解，也就是被微生物給分解。為了克服這個問題，早在１９７０年代，科學家們便開始研發對環境負擔較少的生物塑料。

最有名的生物塑料是以玉米為原料製造的聚乳酸生物塑料。因為原料是植物，所以可以被微生物分解，最後還原成二氧化碳和水。這種可在自然界被完全分解的塑膠俗稱「生物可分解塑膠」，除了用天然素材製造的種類外，也有用石油製造的種類。

生物可分解塑膠被視為解決塑膠垃圾問題的方案之一。然而，這種塑膠的製造成本比普通塑膠更高，而且可以被生物分解意味著它們並不耐用，不適合用來製造有耐久性需求的產品。同時，由於不同環境中棲息的微生物種類和數量都不相同，因此生物分解的速度也不一樣。例如前述的聚乳酸可在高溫多濕的環境中分解，卻很難在土壤或水中分解。

也有非生物可分解的生物塑料

生物塑料中使用生質材料（可再生的天然材料）製造俗稱「生質塑料」。但要注意的是生質塑料中有些仍有用到某些提煉自石油的材料，也有些並不具備生物可分解性。

不僅如此，用生質塑料製作產品時，為了提高產品的性能，常常還會混入普通的塑膠或添加劑，所以無法在自然環境中被全部分解，仍會留下一部分殘渣。

即便如此，與１００%源自石油的塑膠相比，生質塑料仍可減少有限石油資源的使用量，以及燃燒時產生的二氧化碳，還有塑膠垃圾本身的總量，因此目前各界仍十分積極地在研發生質塑料產品。

然而，即使具有生物可分解性，要想普及生物塑料，就必須建立新的回收系統，將生物塑料和普通塑膠分開回收。同時，生物塑料現在主要用於農業資材和一次性的食品容器，如寶特瓶、塑膠袋、茶包等產品，而這可能反而會助長「既然是生物材料，那麼丟掉也無所謂」的觀念。這些都是生物塑料的可能問題。

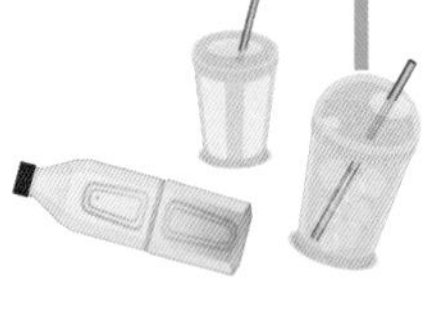

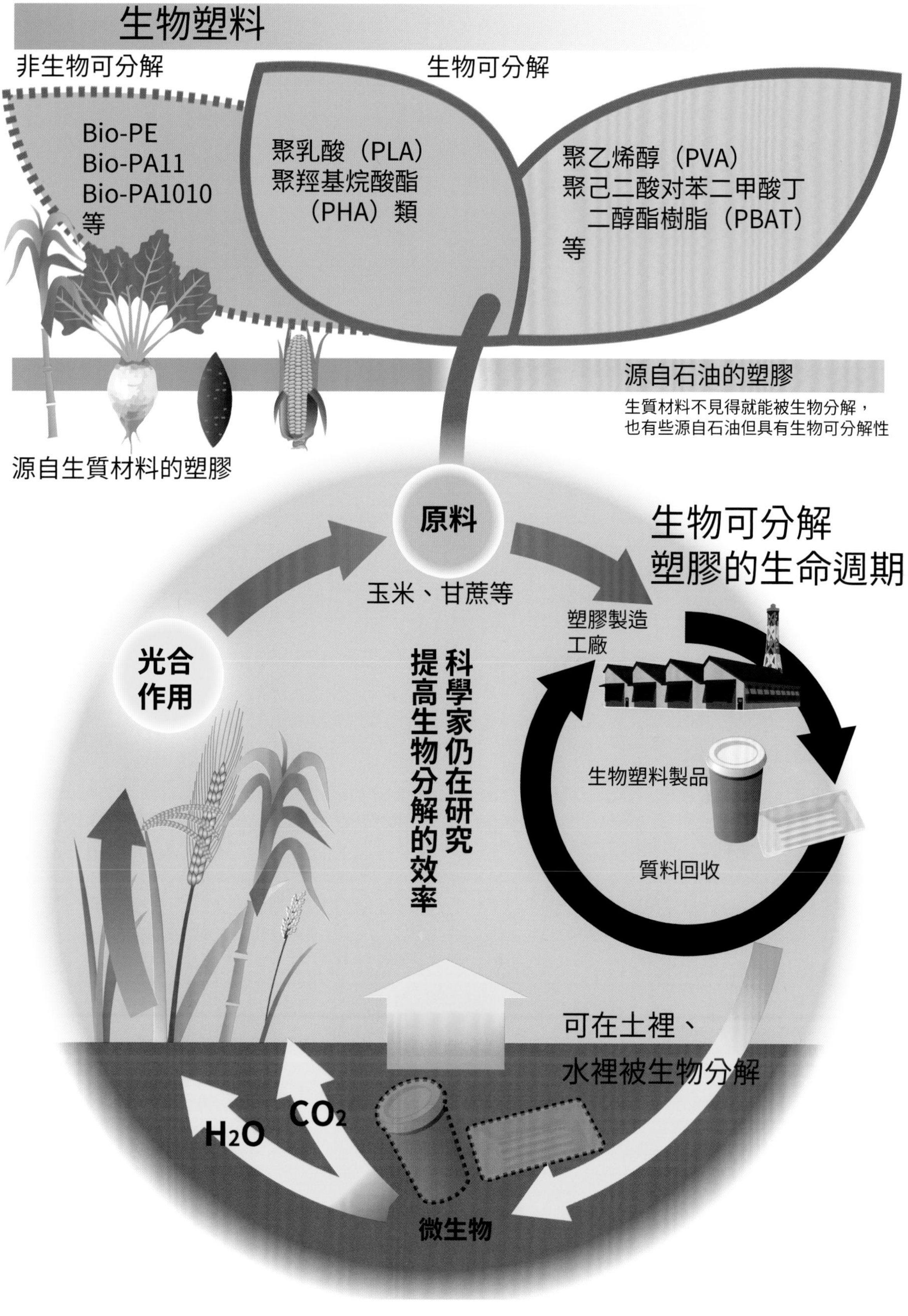
生物塑料
非生物可分解
生物可分解
Bio-PE
Bio-PA11
Bio-PA1010
等
聚乳酸（PLA）
聚羥基烷酸酯
（PHA）類
聚乙烯醇（PVA）
聚己二酸对苯二甲酸丁
二醇酯樹脂（PBAT）
等
源自石油的塑膠
生質材料不見得就能被生物分解，
也有些源自石油但具有生物可分解性
源自生質材料的塑膠
原料
玉米、甘蔗等
生物可分解
塑膠的生命週期
塑膠製造
工廠
光合
作用
科學家仍在研究
提高生物分解的效率
生物塑料製品
質料回收
可在土裡、
水裡被生物分解
H_2O
CO_2
微生物

part
5

不燃燒、不掩埋，正在全球擴散的零廢棄運動

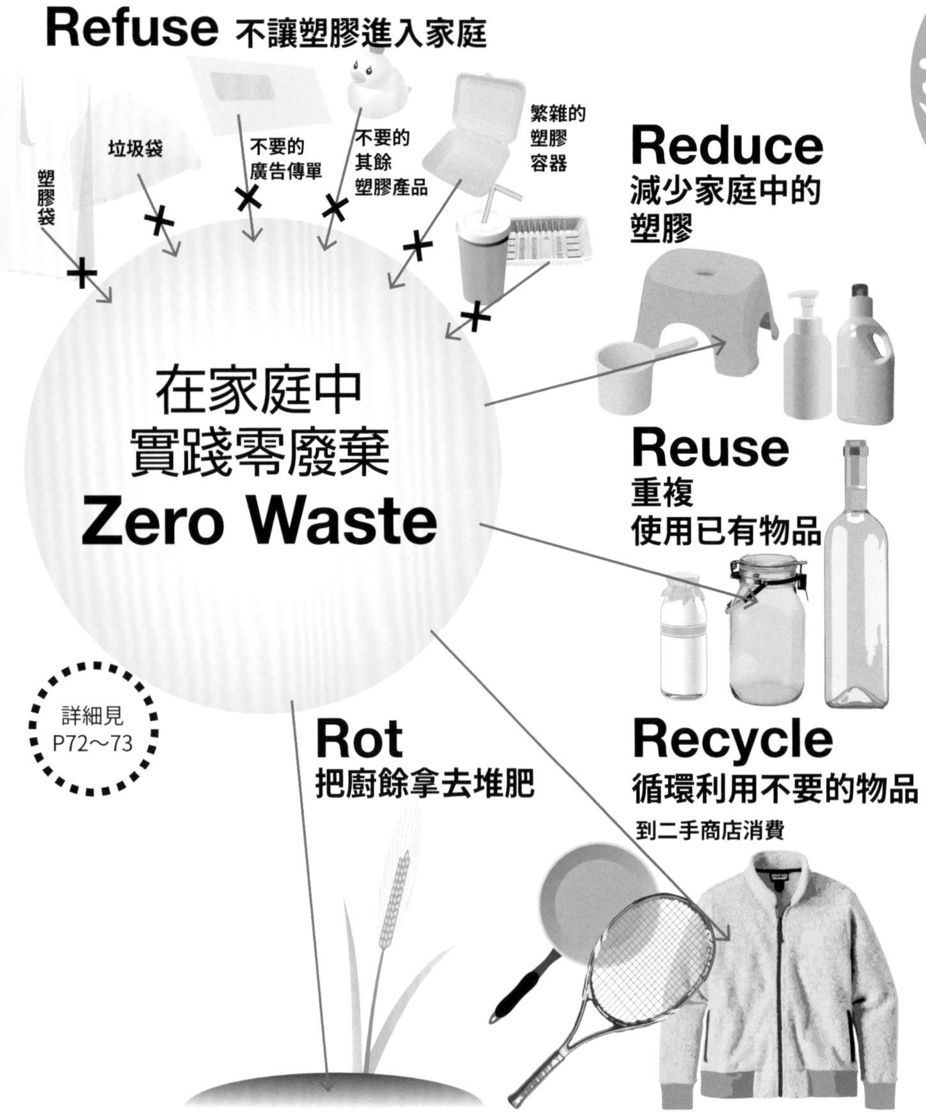
Refuse 不讓塑膠進入家庭
塑膠袋
垃圾袋
不要的廣告傳單
不要的其餘塑膠產品
繁雜的塑膠容器
Reduce
減少家庭中的塑膠
在家庭中實踐零廢棄
Zero Waste
Reuse
重複使用已有物品
Recycle
循環利用不要的物品
到二手商店消費
Rot
把廚餘拿去堆肥

詳細見P72～73

不丟棄不可資源回收的垃圾

從拋棄式社會到非拋棄式社會，盡量不丟棄垃圾的「零廢棄（zero waste）」生活運動正在全球各地崛起。

零廢棄是一種不依賴焚燒和掩埋，透過再利用和資源回收消滅垃圾的政策，最早由英國工業經濟學家羅賓・穆禮（Robin Murray）提出。1996年，澳洲首府坎培拉成為世界第一個宣布零廢棄政策的都市，之後這項運動擴散到紐西蘭一半以上的城市，以及美國、加拿大、歐洲等地的都市。

在日本，德島縣上勝町也於2003年做出零廢棄宣言。該地方藉由廚餘堆肥化、將垃圾分成45個種類等措施，全地區腳踏實地執行，在2016年達成約81%的資源回收率。

美國的零廢棄都市舊金山也成功將約80%的垃圾轉換為資源，大幅減少掩埋的垃

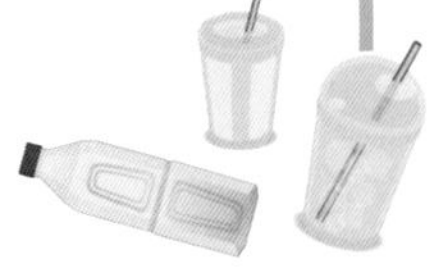

4L 零廢棄的基本概念

Local —— 以在地為主
Low Cost —— 低開銷
Low Impact —— 低環境衝擊
Low Tech —— 不依賴最新科技

我們消費者的課題
實踐零廢棄

製造、販賣一般消費品的企業的課題
大幅減少一次性塑膠容器包裝
從塑膠轉換到其他材料

塑膠製造商的課題
開發可安全地被生物分解的材料

社會全體的問題！

光靠地方政府太困難

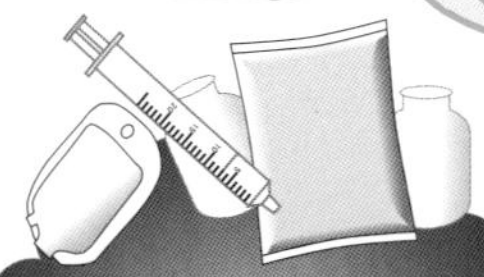

原因是仍存在無法被資源回收的塑膠垃圾

- **含有危險化學物質的塑膠垃圾**
- **不乾淨和無法分類的塑膠垃圾**

已開始實踐零廢棄的地方政府

以零焚燒、零掩埋為目標

1996年
澳洲坎培拉市宣布

紐西蘭各大都市也跟進

舊金山宣布要在2020年前達成零廢棄

歐洲、北美各大都市也相繼宣布

然而，舊金山現已判斷
不可能在2020年實現此目標

日本也有零廢棄宣言

2003年　德島縣上勝町
國內首個宣布**「在2020年前實現零垃圾」**的地區

資源回收率 **81%** 達成

2008年　福岡縣大木町
2009年　熊本縣水俣市
神奈川縣葉山町、東京都町田市、奈良縣斑鳩町等地也先後跟進

零塑膠垃圾宣言也陸續公布
栃木縣、神奈川縣、大阪府、關西廣域聯合等

圾量。舊金山的成績已是全美第一高，但仍不得不下修「在2020年前達成零垃圾」的目標。由於並非所有垃圾都有辦法轉化成資源，要實現零垃圾非常困難，因此有專家指出這個目標不能光靠地方政府，還需要製造業者乃至整個社會共同投入。

由此可見，零廢棄運動已然擴散到地方政策方面，而在個人層級的實踐上，零廢棄運動受到大眾注目的契機則是源自由一位女性經營的部落格「Zero Waste Home（我家沒垃圾）」。這位住在舊金山市郊的貝亞・強森（Bea Johnson）在自己的部落格上，介紹了如何將一家四口的垃圾減少到全年只有少少1公升。她的故事在2013年出版成書，並被翻譯成多種語言，在歐美引起大眾對零廢棄生活的關注。現在愈來愈多人開始嘗試不在日常生活中使用所有垃圾中最棘手的塑膠。關於個人層級的具體實踐範例，我們將在P72～73進一步介紹。

part 5

提高廢物價值的升級再造，塑膠垃圾經過加工也能重生

Precious Plastic
使任何人都能再生塑膠垃圾的計畫

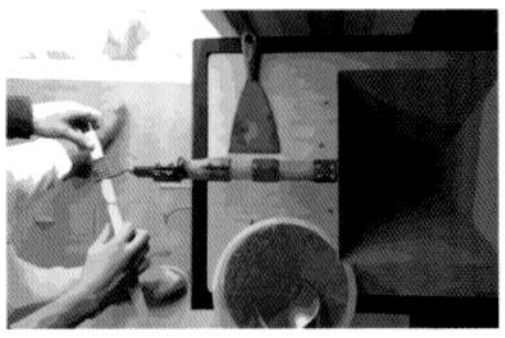

用貧窮國家也能取得的材料即可輕鬆造出的機器設備

設計圖也完全公開，目前已有來自各地的人們為其添加新的創意

在世界引起共鳴，計畫不斷擴大

2013年，當時正在荷蘭唸設計的戴夫·哈肯斯為製作畢業作品而開始的計畫。他設計了一台任何人都能輕鬆製造的塑膠回收機器，並將所有資料以開源形式在網路上公開。

https://preciousplastic.com/

時尚業也為了拯救海洋而展開行動

愛迪達（德國）

用丟在海岸的塑膠垃圾開發產品

將衣服、鞋子、首飾商品化。更宣布要在2024年前下架全球門市中的新塑膠產品。

Prada（義大利）

使用由海洋垃圾再生的材料Econyl

發表了使用由Aquafil公司（義大利）再生漁網等海洋垃圾開發的「Econyl尼龍」製造的新產品線。

Girlfriend Collective（美國）

開發、販賣用「Econyl」製造的壓力緊身褲。

Araks（美國）

同樣在研發用「Econyl」製造的泳衣產品。

FREITAG（瑞士）

兩大升級再造的先驅品牌

回收利用卡車貨台的塑膠製防水布，重新製成高設計感的包包，成長為世界級的品牌。

Globe Hope（芬蘭）

回收各種廢棄物打造成高質感的商品，獲得不少人氣。

從垃圾誕生的時尚

另一種不同於傳統資源回收，讓垃圾重獲新生的全新嘗試，則是俗稱「升級再造」的發想。

儘管很多塑膠垃圾都被再生成建築材料，但這類型的資源回收屬於把塑膠再生成價值和價格低於原始產品的「降級再造」。而升級再造則是把不要的東西重製成比原本更高級的東西，提高其附加價值。此種不讓用完的東西變成垃圾的概念，與零廢棄十分類似，因此近年備受關注。

升級再造最有名的成功案例，是瑞士的FREITAG和芬蘭的Globe Hope這兩個時尚品牌。這兩家公司不只回收舊布料和舊衣服，甚至還把汽車的安全帶和工程用的塑膠布等各種含有塑膠的廢材再生成具有出色設計感的包包和雜貨。

還有，總部位於德國的運動用品製造

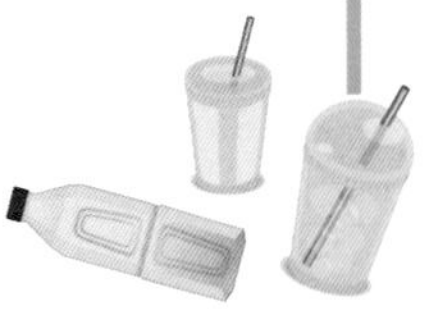

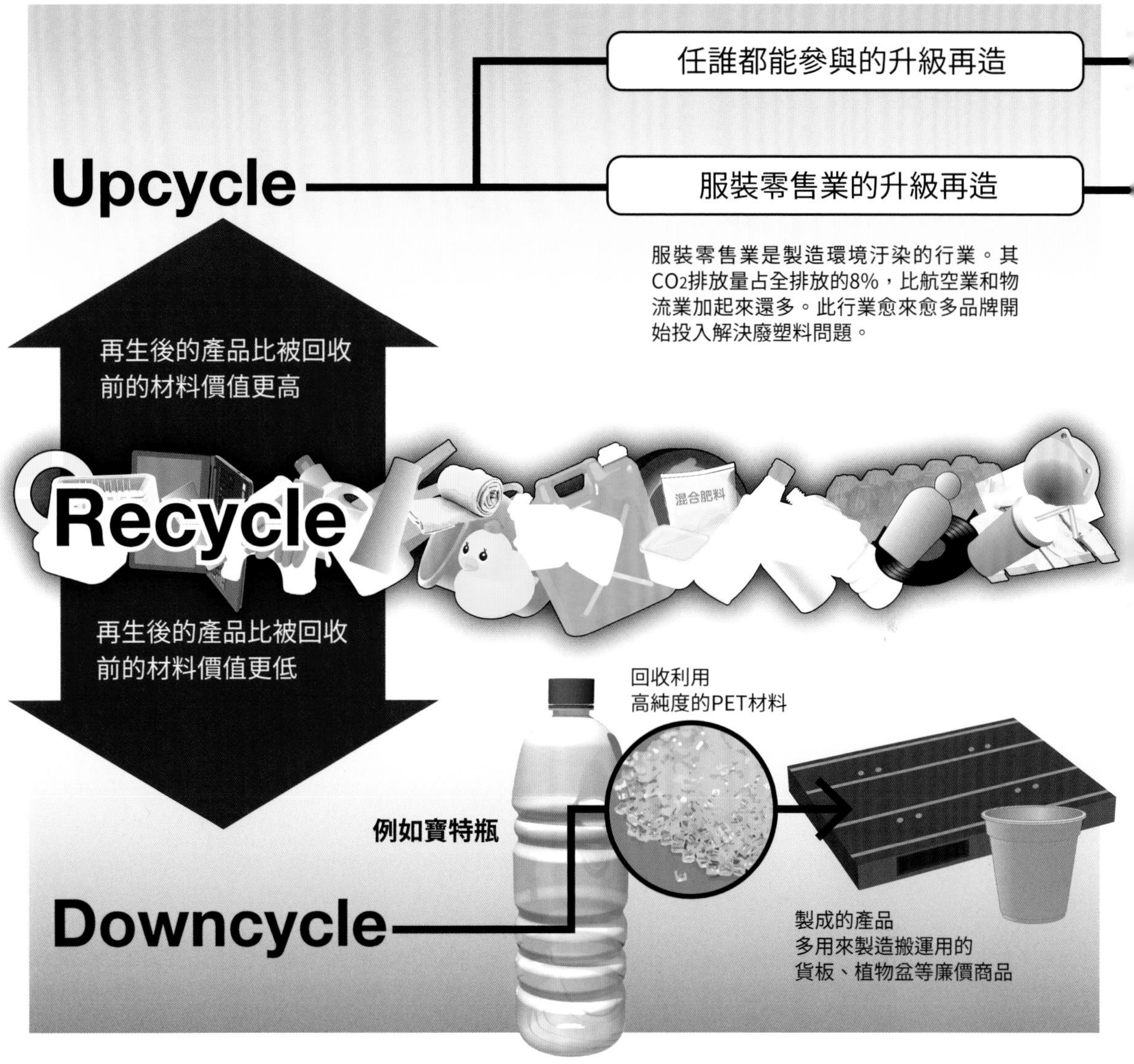

Upcycle
任誰都能參與的升級再造
服裝零售業的升級再造
服裝零售業是製造環境汙染的行業。其CO_2排放量占全排放的8%，比航空業和物流業加起來還多。此行業愈來愈多品牌開始投入解決廢塑料問題。
再生後的產品比被回收前的材料價值更高
Recycle
混合肥料
再生後的產品比被回收前的材料價值更低
回收利用
高純度的PET材料
例如寶特瓶
Downcycle
製成的產品
多用來製造搬運用的
貨板、植物盆等廉價商品

商愛迪達，和義大利的老牌時尚品牌Prada等，也開始開發用從海洋回收的塑膠升級再造而成的產品，引起了不少討論。

用簡單的機器就能回收塑膠

另一方面，在個人領域值得注目的案例，則有源自荷蘭的「Precious Plastic」計畫。此計畫的創辦者憑一己之力搜集塑膠垃圾，然後用自己打造的機器加工，將這些垃圾升級再造成色彩鮮豔的輪胎和小玩意兒。這項計畫成功用不占空間、低成本、任誰都能輕易做到的方法實現了大多數人以為需要巨大設備才能做到質料回收，且他的機器也可以安裝在開發中國家的垃圾場。

這項計畫的發起人戴夫・哈肯斯（Dave Hakkens）將這台機器的製造方法和塑膠垃圾加工法都免費公開（開源）在網路上，而這項計畫也已經擴展到了包含日本在內的世界各地。

part
5

邁向去塑化生活的道路⑤

減少塑膠、不用塑膠，具永續性的去塑化生活

1 檢查身邊的塑膠產品

塑膠檢查表

	現有的塑膠產品	可能的替代品
廚房		
浴室、廁所		
客廳		
寢室		
書房		
庭院		

2 不讓塑膠進入生活

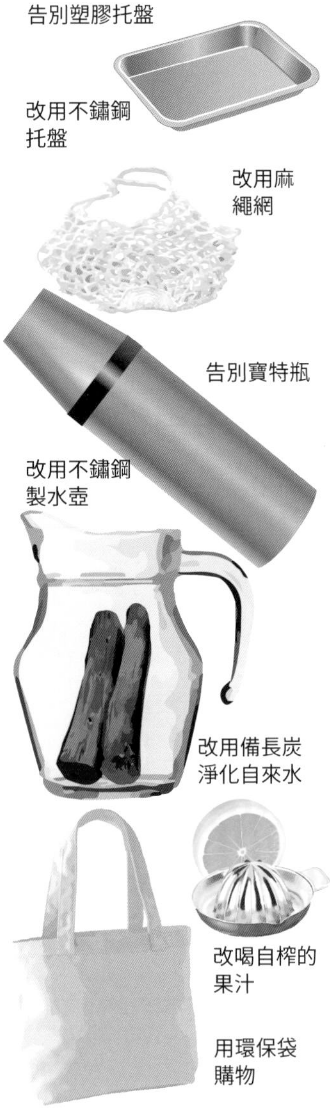
告別塑膠托盤
改用不鏽鋼托盤
改用麻繩網
告別寶特瓶
改用不鏽鋼製水壺
改用備長炭淨化自來水
改喝自榨的果汁
用環保袋購物

從做得到的部分開始嘗試

相信很多人雖然對無塑生活有興趣，卻不知道該從何做起。因此本單元將介紹幾個實踐範例，並將重點整理給讀者們參考。

① 檢查身邊的塑膠產品

首先，了解自己身邊有哪些塑膠產品。然後一個一個思考它們究竟是真的不能沒有的東西，還是可以用其他材料代替的東西。

② 不讓塑膠進入生活

為了不增加更多塑膠，必須要做到不消費、不收受。例如購物時自備購物袋和水壺，拒絕塑膠袋和過度的包裝。也不要領取廣告發送的免費原子筆。不要買飲料，改用備長炭淨化自來水。可能的話盡量去秤重式的商店消費。

③ 逐漸減少現有的塑膠

每當家裡的東西要換新時，逐次換成用天然材料製造的商品。例如保存食物的容器

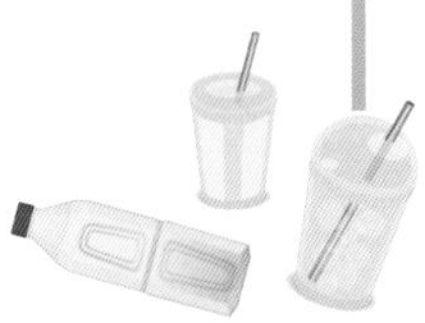

參考來源：《戒除塑膠的健康生活指南（Life Without Plastic）》（香朵·普拉蒙登、傑伊·辛哈著，中文版由光現出版發行）《我家沒垃圾（Zero Waste Home）』（貝亞·強森著，中文版由遠流出版發行）

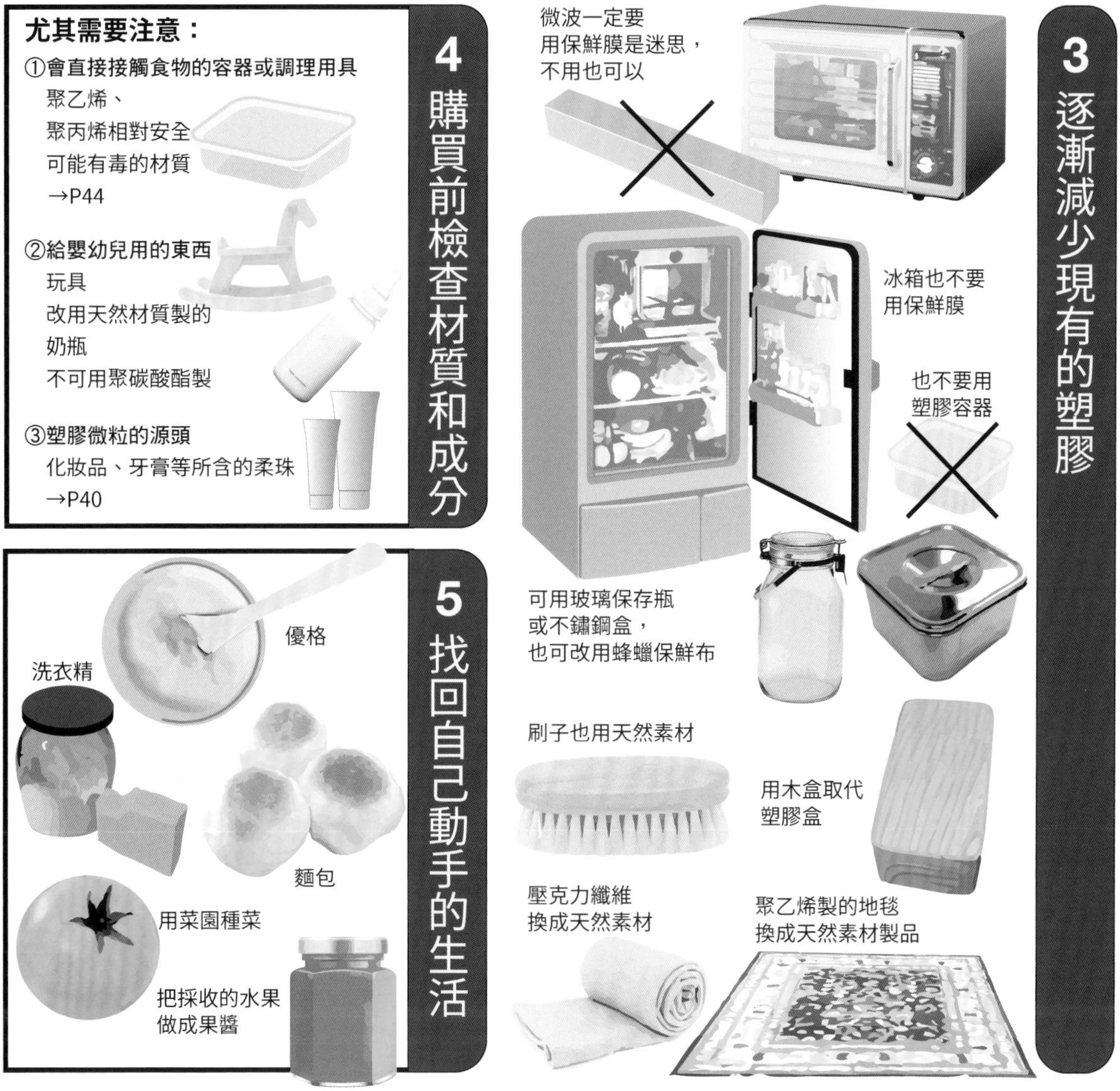

尤其需要注意：
①會直接接觸食物的容器或調理用具
聚乙烯、
聚丙烯相對安全
可能有毒的材質
→P44
②給嬰幼兒用的東西
玩具
改用天然材質製的
奶瓶
不可用聚碳酸酯製
③塑膠微粒的源頭
化妝品、牙膏等所含的柔珠
→P40
4 購買前檢查材質和成分
優格
洗衣精
麵包
用菜園種菜
把採收的水果
做成果醬
5 找回自己動手的生活
微波一定要
用保鮮膜是迷思，
不用也可以
冰箱也不要
用保鮮膜
也不要用
塑膠容器
可用玻璃保存瓶
或不鏽鋼盒，
也可改用蜂蠟保鮮布
刷子也用天然素材
用木盒取代
塑膠盒
壓克力纖維
換成天然素材
聚乙烯製的地毯
換成天然素材製品
3 逐漸減少現有的塑膠

可換成不鏽鋼或玻璃製的，清潔刷換成天然毛的，吸管換成紙製或竹製，衛生棉換成可以重複清洗的布製品等。

④買東西前先確認材質和成分

盡量避免購買用塑膠微粒製成的合成纖維。化妝品和牙膏要檢查是否含有柔珠。購買塑膠產品時檢查有無添加劑，並選用沒有添加劑的產品。特別是會接觸到食物的用具更要多留意。

⑤找回自己動手的生活方式

為了減少塑膠包裝和容器，可以試著用家庭菜園或花盆種菜，然後做成醃製品放入瓶罐保存（也可以直接冷凍保存）。肥皂和清潔劑也可以自己做。

以上都只是其中一例，但大家可以試著先從辦得到的地方嘗試看看。實踐家的共通點就是「不過度勉強，從可持續的地方做起」。雖然現代人的生活不可能完全不使用塑膠，但有意識地減少使用，重新審視自己的生活也十分重要。

以歐美爲中心逐漸增加的秤重商店，用自備容器取代塑膠包裝

推廣不製造垃圾的生活

在Ｐ69介紹的《我家沒垃圾》的作者貝亞・強森介紹了幾種減少塑膠垃圾的方法，其中之一便是多到秤重計價的商店購物，自備玻璃瓶等容器盛裝商品。響應這份呼籲，在歐洲和北美紛紛出現許多主打散裝銷售或不使用塑膠容器包裝的新型零廢棄商店。

位於英國倫敦的Unpackaged是此類商店的先驅之一，成立於２００７年。店內販賣的蔬菜、玉米片、麵粉、調味料等全都是用秤重方式計價，讓客人們自備容器和購物袋，裝取自己需要的量帶回去。

同類型的食品商店相繼在義大利、德國、加拿大、美國等地登場。而總部位於法國，並在全世界都有分店的大型量販店家樂福，也在２０１７年引進自備容器的購物系統。

事實上，歐美原本就有很多蔬菜水果用

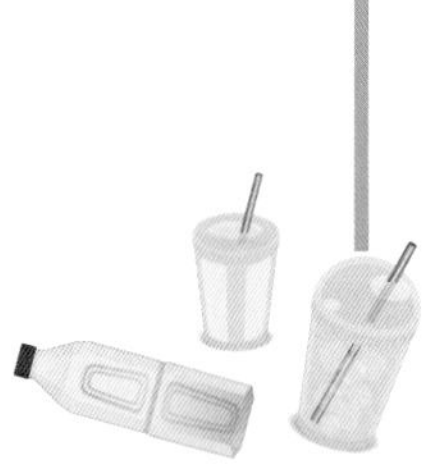

2018年　荷蘭
Ekoplaza Lab開張

有機商品專賣超市，設有完全零塑膠的賣場。

2016年　法國
Au Poids Chiche開張

以專賣秤重計價商品的移動商店起家。特色是店內員工都有豐富的商品知識。

2009年　義大利
NEGOZIO LEGGERO開張

零包裝且可退貨的商品專賣店。店內販賣的商品品項已達到1500種。

Zero Waste Shop

希望日本
也能有這樣的超市
內裝是天然材料
輸入商品編號後，
將為您顯示
商品價格
蔬菜、水果
放入網子內
秤重
蔬菜水果
區
食用油、調味料、
穀物、白米區
零食區
咖啡區要
自備杯子、水壺
自備容器
鮮魚、精肉區
魚和肉使用
防水的紙袋裝

2007年　英國
Unpackaged開張

所有商品皆無任何包裝，散裝（秤重）商店的先驅。開發出散裝商店系統。提供想加盟的承租店面、經營、乃至宣傳方面的輔導服務。

2017年　法國
家樂福開放自備容器

跨國大型量販店也開設自備容器的賣場。

2014年　德國
Original Unverpackt開張

用群眾募資的方式開設的零塑膠超市。

1982年　加拿大
Bulk Barn開張

加拿大最大的秤重超市。現在於全國有275間分店。

ZERO
WASTE
HOME
The Ultimate Guide to
Simplifying Your Life by
Reducing Your Waste
BEA JOHNSON

作者為貝亞・強森。她因為這本著作而一夕成名。

將始於2000年代初期的零廢棄運動推廣到全世界的《我家沒垃圾》（2013年出版）

從前的商店都是用秤重計價

秤重計價的超市和賣場，秤重販賣本身並不稀奇，但愈來愈多人關注塑膠垃圾問題後，這種銷售方式才重新獲得關注。

而除了秤重以外，荷蘭的連鎖超市品牌Ekoplaza也推出另一種零塑膠包裝的政策，開設了全球首間完全零塑膠的食品賣場。店內販賣的1370種有機食品，全部都用玻璃瓶或生物可分解素材來包裝。

這類主打零廢棄、零塑膠、或是零包裝概念的商店、咖啡廳、餐廳，這10年間在歐美急速增加，幫助推廣了不製造垃圾的生活型態。而在日本，可以自備容器秤重計價的商店也一點一點在增加。只要愈來愈多人到這類商店消費，或許就能促使整個社會認真考慮擺脫一次性的塑膠包裝。

還沒有塑膠的時代，借鑑過去的人類是如何生活

回首50、60年代尋找靈感

如何讓生活擺脫塑膠的答案，其實就藏在塑膠普及前的人類文明中。在還沒有塑膠可用的昭和30年代（1955～64年），人們一樣活得好好的。相信現在仍有不少人仍記得當時的生活，或是曾在電影和漫畫中看過才對。

當時人們去買東西時，一定自備一個竹製或木製的菜籃。就相當於現代的環保購物袋。然後蔬菜類會直接放在籃子裡，或是先用一層報紙包起來。魚類和肉類則是用樹皮做的木紙包住，油炸物則裝在表面塗蠟的紙袋裡。味噌和醬油是秤重賣，要自己帶瓶罐去裝，然後再用布巾包起來提著拿。

在那個沒有保鮮膜的時代，吃剩的飯菜會用布巾或鋁箔蓋著，然後再收入櫃門上貼有防蟲網，日文俗稱「蠅帳」的食品櫃中。

事實上，當時人們的購物習慣是只買當天所需的食材，且煮好的飯菜都會在當天就吃完。

瓶裝的酒、果汁、牛奶等會每天由專人配送到家，再順便回收前一天喝完的瓶子。在那個還沒有資源回收一詞的時代，資源回收和重複使用反而是一種理所當然的做法。

就像玻璃瓶被塑膠寶特瓶取代，金屬盒被塑膠保鮮盒取代，紙袋被塑膠袋取代，塑膠原本就是為替代天然材料而誕生的。所以相反地，要找到能「替代塑膠的東西」其實並不困難。另外，如果你有認識比較熟稔的在地商店，相信也可以說服老闆讓你自備容器，不要用塑膠包裝來買東西才是。只要稍微改變我們自己的生活方式，商店和社會也會慢慢發生改變。

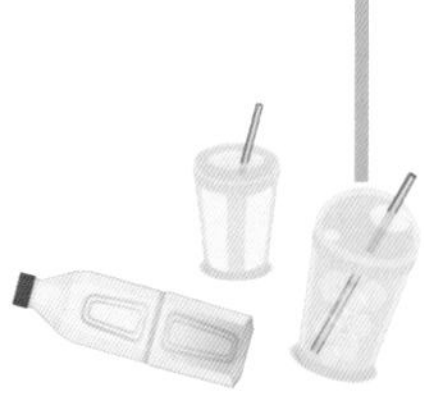

擺脫塑膠的生活
可自己做的東西就自己做
NO PLASTIC
新的地產地消系統的誕生
資源回收義務化
廢除塑膠包裝
生物可分解塑膠義務化

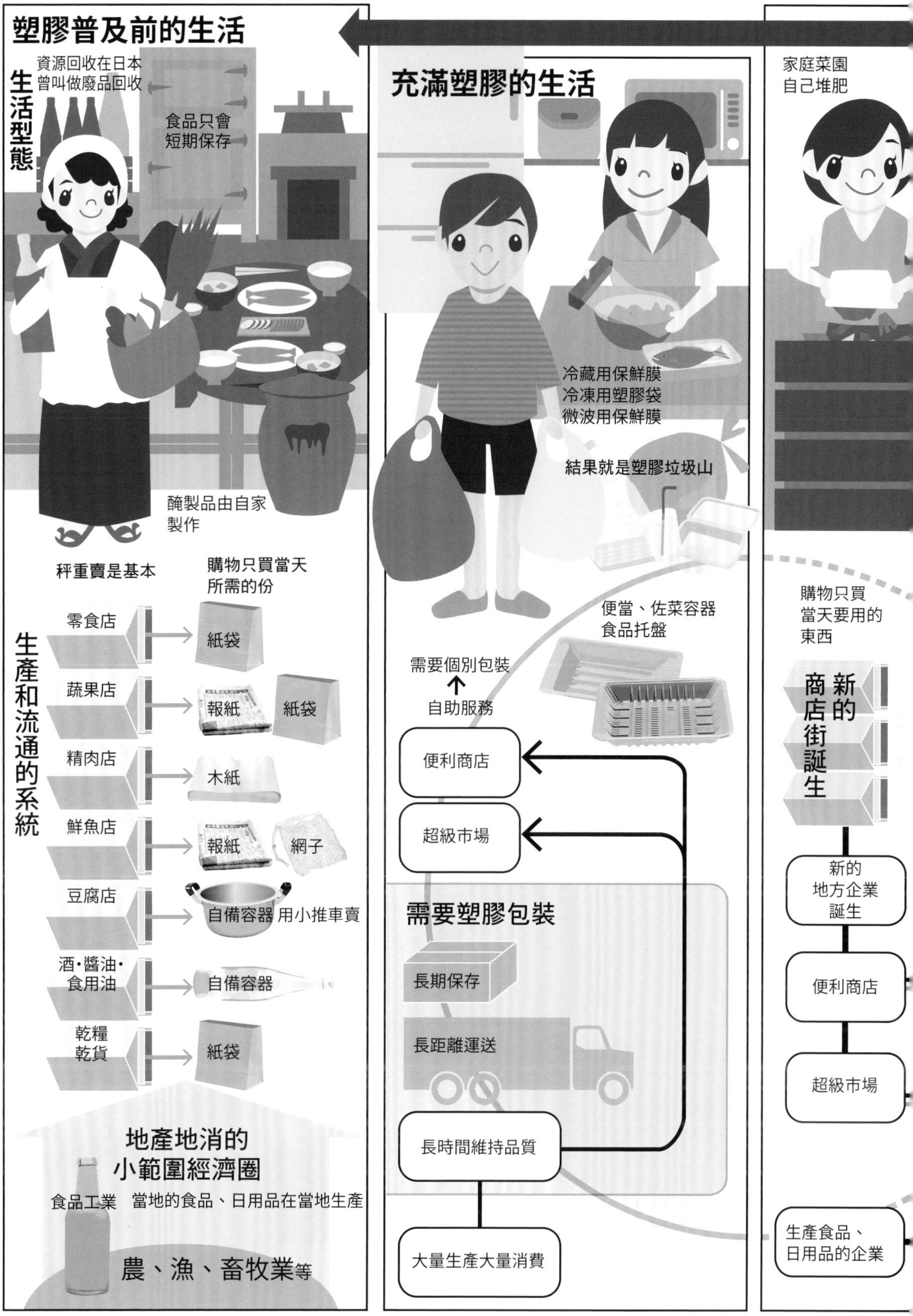
塑膠普及前的生活
生活型態
資源回收在日本曾叫做廢品回收
食品只會短期保存
醃製品由自家製作
生產和流通的系統
秤重賣是基本
購物只買當天所需的份
零食店
紙袋
蔬果店
報紙
紙袋
精肉店
木紙
鮮魚店
報紙
網子
豆腐店
自備容器
用小推車賣
酒‧醬油‧食用油
自備容器
乾糧乾貨
紙袋
地產地消的小範圍經濟圈
食品工業　當地的食品、日用品在當地生產
農、漁、畜牧業等
充滿塑膠的生活
冷藏用保鮮膜
冷凍用塑膠袋
微波用保鮮膜
結果就是塑膠垃圾山
便當、佐菜容器
食品托盤
需要個別包裝
自助服務
便利商店
超級市場
需要塑膠包裝
長期保存
長距離運送
長時間維持品質
大量生產大量消費
家庭菜園
自己堆肥
購物只買當天要用的東西
新的商店街誕生
新的地方企業誕生
便利商店
超級市場
生產食品、日用品的企業

part 6

作為天然材料的替代品而誕生，在百年間改變世界的驚人材料

1869年 賽璐珞問世

美國

約翰·W·海厄特
(1837～1920)
從印刷工人變成化學家。因發明賽璐珞而變成億萬富翁。

在開發可代替象牙製造撞球的材料時，偶然發明了可自由塑形的半透明固態樹脂，也就是賽璐珞。

賽璐珞製的圓形眼鏡曾風靡一時。人氣喜劇演員哈羅德·勞埃德也十分愛用，因此這種眼鏡又叫勞埃德眼鏡

1907年 最早的合成樹脂 貝克萊特問世

美國

利奧·H·貝克蘭
(1863~1944)
比利時裔的化學工程師。

移民美國後研究照片感光紙，並取得專利。後來埋頭於研究合成樹脂，合成了苯酚和甲醛發明了酚醛塑膠，並命名為貝克萊特。

早期的貝克萊特製裝置

用貝克萊特製造的古老電話

1920年 施陶丁格發表 高分子理論

赫爾曼·施陶丁格
(1881~1965)
德國的有機化學家。高分子化學的創始人。

從橡膠的有機化學研究發展出了高分子和聚合反應等化學理論，在當時被視為異端。

德國企業的躍進

1935年 聚苯乙烯實用化

1937年 聚胺脂實用化

德國 法本公司

以大量生產為目的的近代產業崛起導致天然材料供不應求

為尋找替代品而促成了合成樹脂的發明

1926年 聚氯乙烯被發明

美國

古德里奇公司

後成為美國最大的聚氯乙烯製造商。

1935年 尼龍66問世

美國

華萊士·H·卡羅瑟斯
(1896~1937)
杜邦公司的研究員。

嘗試並成功合成出施陶丁格所提出的高分子聚合物，發明了性質接近絲綢的合成纖維尼龍。

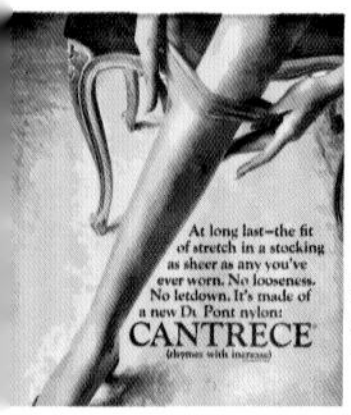

當時杜邦公司的尼龍絲襪廣告。引起了一波絲襪熱潮

與戰後的經濟成長共同發展

塑膠究竟是如何誕生，並成長到今天這種程度的呢？本章我們將來從頭回溯塑膠的發展足跡。

雖然人們對於哪種塑膠是最早誕生的存在多種說法，但可以確定最先邁入實用化階段的，是一種俗稱賽璐珞的塑膠。賽璐珞最早是美國的撞球公司為了尋找另一種可代替象牙的撞球材料而發明的，在看到該公司發出懸賞募集點子後，美國發明家海厄特在1869年用纖維素為原料創造了賽璐珞。由此可見，早期的塑膠是一種用天然素材製造的半合成樹脂。

1907年，美國化學家貝克蘭用苯酚和甲醛發明了貝克萊特（酚醛塑膠）。這是世界最早發明的人工合成樹脂。

20世紀上半葉，化學家們開始競相研究能取代日益缺乏的天然材料的新材料。而使

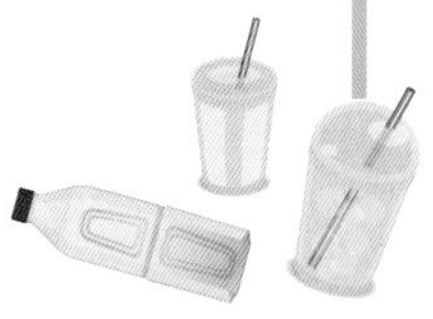

1939年～1945年 第二次世界大戰推動了軍用塑膠的研發

步兵頭盔的內襯就是塑膠做的

像是裝燃油的聚胺脂塑膠桶等，很多裝備都是塑膠製

單兵用的攜帶式火箭炮也改用塑膠製

1939年 聚乙烯開始量產

英國 帝國化學工業

為英國戰鬥機的雷達天線帶來革命。

詳細見P81

1939年 櫻田一郎等人合成出維尼綸

櫻田一郎
(1904~1986)
京都大學名譽教授。發明了日本最早的合成纖維維尼綸，奠定了高分子化學的基礎。後由可樂麗公司實用化。

1941年 尼龍6被合成出來

日本研究員星野孝平成功合成出尼龍6，技術由東麗公司繼承。

聚酯被發明

英國 帝國化學工業

PET被發明

英國 Calico Printers' Association

在大戰結束後，石油時代來臨 在戰爭時期大躍進的化學公司們將眼光轉向日用品市場

1953年 高密度聚乙烯被發明

德國

卡爾·齊格勒
(1898~1973)
建立了使用催化劑的低壓聚合法。

1953年
施陶丁格拿到諾貝爾獎

1954年 成功用催化劑製造出聚丙烯

義大利

居里奧·納塔
(1903~1979)
改良齊格勒的催化劑，發明了齊格勒-納塔催化劑。

1963年
齊格勒和納塔因聚合反應催化劑的研究而獲得諾貝爾獎

1960年代起 高性能工程塑膠的研發逐漸加速

美國

1974年
保羅·弗洛里獲得諾貝爾獎

保羅·弗洛里
(1910~1985)
原為杜邦公司的研究員，後成為史丹福大學的教授。在高分子化學的基礎研究上有卓越貢獻。

1977年 導電性塑膠聚乙炔問世

日本

白川英樹(1936年~)
打破塑膠不能導電這項常識，發明出可以通電的塑膠。

2000年
因發明導電性塑膠而獲得諾貝爾獎

1950～60年代，五花八門的家用塑膠開始登場。右圖是特百惠的塑膠容器廣告

這波發明潮發酵的，則是第二次世界大戰。堅固、輕盈、且絕緣性極佳的塑膠，很快就被發明出來當成武器裝備的材料。而承包其生產工作的，則是參戰國的巨大化學產業鏈和大型化學公司。

戰後，這些企業生產的塑膠產品失去用途，於是轉而進軍日用品市場。1950年代以後，塑膠的用途隨著石油工業的發展而變得更廣，到了1960年代之後，具有高強度、高耐熱性的工業用工程塑膠也被發明出來。不僅如此，在科學家發現有導電性的塑膠後，塑膠更被用於各式各樣的電子產品，建立了今天IT產業的基礎。具有各種不同功能的塑膠在醫療領域也發揮了其出色特性，讓人工器官得以誕生。

而到了現代，人們的生活中已然充斥各種一次性的塑膠容器包裝。至於塑膠為什麼能在這麼短的時間內急速成長，就請接著翻到下一頁吧。

part 6

塑膠的軌跡和社會的變化②

使塑膠進化的是第二次世界大戰

撐起德意志帝國的化學企業
法本公司（I.G. Farben AG）
1900年代初葉，由德國代表性的6大化學製造商整合而成的巨型企業。法本公司與當時剛抬頭的納粹黨十分親近，並用納粹提供的資金開發了各種尖端科技。其中之一便是高分子聚合物的研發。
德國轟炸機連日轟炸英國
IG
成功發明聚乙烯
成功發明聚胺酯

擊垮日德的機密材料

使塑膠研究一口氣大幅前進的，是20世紀的兩次世界大戰。由於這兩場投入大量現代兵器的總力戰，鐵、銅、鋁等金屬面臨短缺，各國於是開始尋找替代的材料。

在第一次世界大戰（1914～1918年）當時，世界化學領域的領頭羊是德國。1925年德國化工綜合企業法本公司誕生，對此產生危機感的英國化學產業界也在隔年組隊成立帝國化學工業公司（ICI）。1933年，在一次實驗的偶然中，ICI公司成功合成出了聚乙烯。

ICI公司製造的首批聚乙烯首次從工廠出廠是在1939年的9月1日。巧合的是就在同一天，德國正式入侵波蘭。英國也和法國共同對德國宣戰。就這樣，第二次世界大戰爆發。

當時，兩邊的陣營都在全力投入雷達

使用聚乙烯製造的雷達系統
AI Mk.-VIII機載雷達
英國靠著這種雷達抵擋了德軍的攻擊

AI Mk.-VⅢ雷達

在第二次世界大戰中，德英兩國的戰鬥主要是圍繞多佛爾海峽的航空戰。英國迫切需要一種夜間戰鬥機用的雷達機系統。而可收納在戰鬥機機鼻內的高性能小型雷達系統AI Mk.-VIII的成功研發，為英國帶來了勝利。這種雷達系統使用了由ICI公司開發的聚乙烯製小型輕量天線和電線皮膜，充分發揮了性能。

蚊式轟炸機

英國空軍的雙發動機夜間戰鬥機。由於金屬原料不足，英國研發了這種木製的戰鬥機。它不易被德軍的雷達偵測，且機鼻搭載了雷達系統，多次成功迎擊了德軍的轟炸機。

的研發。而聚乙烯不只質量輕巧，又是優秀的高頻絕緣材料，英軍使用這種材料製造雷達，安裝在夜行戰鬥機上。最後這種雷達成功抵擋了德國空軍的夜間轟炸，並在大西洋的戰鬥中協助偵測到德軍的最強潛艦U艇，為盟軍爭取到優勢。

後來這項技術也被分享給美軍，隨後杜邦公司受到美國海軍的委託，開始量產雷達用的聚乙烯。而搭載最新雷達的B29轟炸機則將日本逼至毀滅邊緣。

除此之外，杜邦公司在戰前開發的尼龍，也被用來製造降落傘和B29的輪胎。美國的長距離轟炸機的輔助燃料艙也是用加入玻璃纖維強化過的聚酯等複合材料製造。還有，為了躲避德軍鋪設在海底的磁性水雷，盟軍還開發出了用聚氯乙烯包裹的電纜。

這場投入龐大資金的戰爭推動了塑膠技術的進步，最終在1945年，掌握了塑膠的盟軍獲得這場戰爭的勝利。

推動塑膠產業發展的高分子化學先驅者們

發現巨大分子的存在

初期的塑膠大多是在偶然中發現的，發現者們也不清楚其中的化學結構。

直到後來，德國科學家陸續在化學領域有了劃時代的發現。１８５０年代，德國化學家凱庫勒提出碳原子的化合價（手臂數）是４，並認為碳原子能像鎖鏈一樣串成一條。

基於這項理論，德國化學家施陶丁格在１９２０年代發表了「高分子學說」。他提出了天然橡膠和纖維素等碳化合物是由多個分子化學結合而成的巨大分子理論。然而，當時認為碳化合物是小分子以物理力量聚集而成的理論更占優勢，所以高分子學說並未受到認真看待。

但在這樣的背景下，仍有化學家相信施陶丁格的理論。其中之一就是美國杜邦公司的化學家卡羅瑟斯。他埋頭於將分子連接在一起的研究，最後成功合成出尼龍。由於卡羅瑟斯的成功，科學界終於承認高分子學說是正確的，而這已是１９３６年的事。這便是高分子化學的起點。

催生兩大塑膠的催化劑

施陶丁格在１９５３年拿到諾貝爾化學獎。恰好也是在這一年，另一位德國化學家齊格勒發現了可以製造高分子的新催化劑。

20世紀前半葉，化學家們都把焦點集中在對物質加壓後會發生化學反應的現象。英國ＩＣＩ公司研發的聚乙烯（參照Ｐ80）也是在超高壓下誕生的產物。但這種生產方式需要能承受高壓的設備，非常地花錢。然而，只要加入齊格勒的催化劑，即使在低壓環境也能使乙烯聚合成為聚乙烯。

現在常見的聚乙烯塑膠袋有兩種，一種是透明光滑的，另一種是半透明且摩擦會發出沙沙噪音的，前者就是用高壓法製造的低密度聚乙烯，而後者是用齊格勒低壓法製造的高密度聚乙烯。

１９５４年，義大利化學家納塔改良齊格勒的催化劑，成功合成出聚丙烯。歸功於這兩人的發現，塑膠的合成技術有了飛躍性的進步，而齊格勒和納塔也雙雙在１９６３年拿到諾貝爾化學獎。

納塔除了聚丙烯催化劑外還留下許多成就，例如成功聚合了乙炔。這項成果後來成為日本的白川英樹博士開發出可通電的革命性塑膠——聚乙炔的起點，使白川英樹在２０００年拿到諾貝爾化學獎。

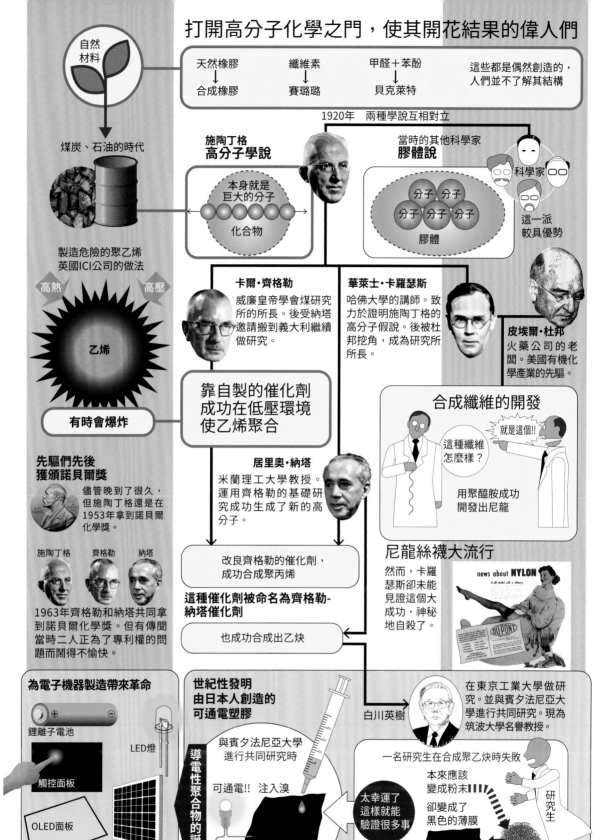

打開高分子化學之門，使其開花結果的偉人們

自然材料

天然橡膠 → 合成橡膠

纖維素 → 賽璐璐

甲醛＋苯酚 → 貝克萊特

這些都是偶然創造的，人們並不了解其結構

煤炭、石油的時代

1920年　兩種學說互相對立

施陶丁格
高分子學說

本身就是巨大的分子

化合物

當時的其他科學家
膠體說

分子 分子 分子 分子 分子

膠體

科學家

這一派較具優勢

製造危險的聚乙烯
英國ICI公司的做法

高熱　高壓

乙烯

有時會爆炸

卡爾・齊格勒
威廉皇帝學會煤研究所的所長。後受納塔邀請搬到義大利繼續做研究。

華萊士・卡羅瑟斯
哈佛大學的講師。致力於證明施陶丁格的高分子假說。後被杜邦挖角，成為研究所所長。

皮埃爾・杜邦
火藥公司的老闆。美國有機化學產業的先驅。

靠自製的催化劑成功在低壓環境使乙烯聚合

合成纖維的開發

這種纖維怎麼樣？

就是這個!!

用聚醯胺成功開發出尼龍

先驅們先後獲頒諾貝爾獎

儘管晚到了很久，但施陶丁格還是在1953年拿到諾貝爾化學獎。

居里奧・納塔
米蘭理工大學教授。運用齊格勒的基礎研究成功生成了新的高分子。

施陶丁格　齊格勒　納塔

1963年齊格勒和納塔共同拿到諾貝爾化學獎。但有傳聞當時二人正為了專利權的問題而鬧得不愉快。

改良齊格勒的催化劑，成功合成聚丙烯

這種催化劑被命名為齊格勒-納塔催化劑

也成功合成出乙炔

尼龍絲襪大流行

然而，卡羅瑟斯卻未能見證這個大成功，神秘地自殺了。

為電子機器製造帶來革命

鋰離子電池

LED燈

觸控面板

OLED面板

太陽能發電板

出現了能代替金屬的電子零件材料

世紀性發明
由日本人創造的
可通電塑膠

導電性聚合物的誕生

與賓夕法尼亞大學進行共同研究時

可通電!!　注入溴

白川英樹

在東京工業大學做研究。並與賓夕法尼亞大學進行共同研究。現為筑波大學名譽教授。

一名研究生在合成聚乙炔時失敗

本來應該變成粉末

卻變成了黑色的薄膜

研究生

太幸運了這樣就能驗證很多事

2000年
拿到諾貝爾化學獎。

塑膠的軌跡和社會的變化④

在戰後與石油產業一同發展共榮，「夢幻材料」的時代

塑膠為人類提示了新的生活樣態

在戰爭中孕育的塑膠科技，在戰後被轉移到民用領域，打開了新的市場。而一馬當先走在前頭的是戰勝國美國。

大量剩餘的軍用聚乙烯被做成呼拉圈，原本在戰略桌上被當成軍事目標微縮模型的塑膠模型也被包裝上架，頭一批被商業化的塑膠產品正是玩具。

在1950年代，石油產業開始急速發展。過去以煤炭為原料的塑膠也改以便宜的石油來製造。石油產業的發展促成了汽車的普及，而塑膠材料則是為了實現車體輕量化的首選。

除此之外，塑膠也被製成廚房用具進入人們的家庭。塑膠製的食品保存容器銷量一飛沖天，為廚房帶來革命。可以密封飯菜加以保存和搬運的容器的出現，在當時乃是劃時代的發明。食品用的保鮮膜也隨著冰箱的普及而大為流行。

還有，撐起娛樂產業的也是塑膠。唱片的原料從天然樹脂的蟲膠變成聚氯乙烯，電影膠卷則從賽璐珞變成乙酸鹽，然後又進化成聚酯。

新材料帶來的設計革命

在服飾產業，尼龍、聚酯、壓克力等合成纖維相繼問世。合成纖維不易皺、易乾、不易收縮的特性，伴隨洗衣機的普及為家庭勞動的減少做出了貢獻。

塑形和上色都十分容易的塑膠更拓展了設計的可能。1950～1960年代，流線型設計和鮮豔的色彩設計大為流行。塑膠成形一體式的設計師椅和圓潤外觀的家電產品在當時被稱為「原子時代設計」和「世紀中期現代主義」，成為設計史的重要篇章。

而作為一種建築材料，塑膠同樣性能出色。1970年在大阪舉行的萬國博覽會上，就設有一個塑膠材料的大型展示場。像是除了鋼骨之外全用塑膠建造的化學工業館，以及沒有用到任何柱子，完全用高強度維尼綸充氣而成的富士集團展示廳等，各種近未來的建築物令遊客們大開眼界。

在問世之初只被當成天然材料的代替品，給人「便宜」、「假貨」印象的塑膠，隨著戰後的經濟成長迅速變成一種夢幻材料而廣為流行。塑膠確實改變了這個世界。

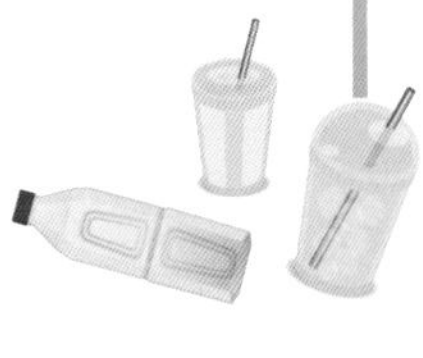

第二次世界大戰後，軍需的石化產業向和平產業轉移

進入家庭的廚房

廚房用具也幾乎都變成塑膠

變成小孩們的玩具

馬路上都是玩呼拉圈的小孩們 ▶

日本也推出了聚氯乙烯製的「抱抱仔」，掀起一波熱潮 ▼

◀60年代美孚石油的廣告。新的機油產品出現在生活用品架上。旁邊的商品包裝也都是從石油提煉。可說是石油產業繁榮的象徵

小孩子的玩具也都是塑膠

▲塑膠鮮豔的色彩和可自由塑形的特色被大量用於包裝，吸引了人們的目光

大阪萬博是日本邁入塑膠時代的第一槍

▲大阪萬博的富士集團展覽廳。該場館是用太陽工業特殊加工的高強度維尼綸管建造的

塑膠描繪的「夢想」生活

◀60年代雜誌上介紹的專題，被塑膠圍繞的「原子時代設計」

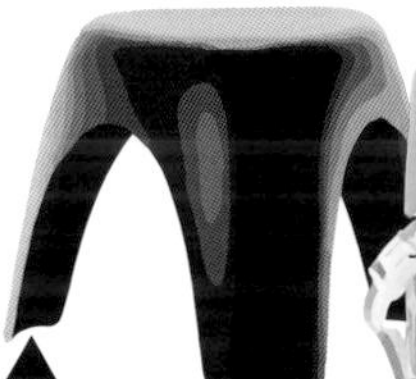

▲塑膠製的日用品充斥生活中

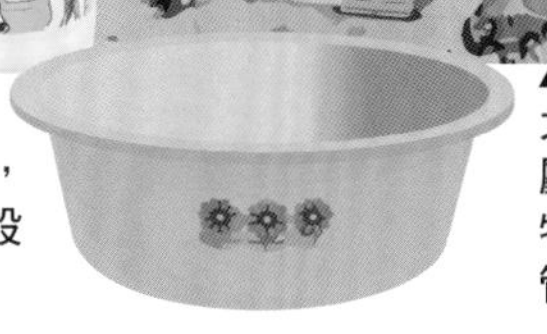

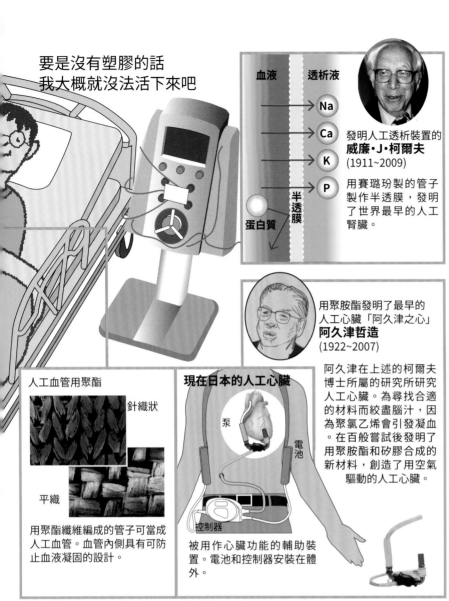

part 6

拯救人命、帶來希望的醫療用塑膠

要是沒有塑膠的話
我大概就沒法活下來吧

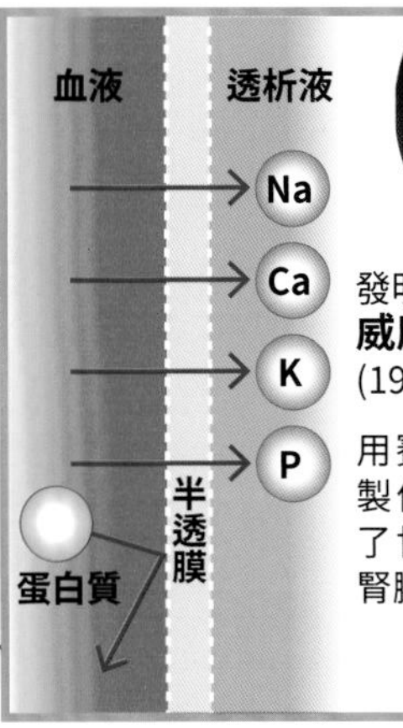
血液
透析液
Na
Ca
K
P
半透膜
蛋白質

發明人工透析裝置的
威廉・J・柯爾夫
(1911~2009)

用賽璐玢製的管子製作半透膜，發明了世界最早的人工腎臟。

用聚胺酯發明了最早的人工心臟「阿久津之心」
阿久津哲造
(1922~2007)

阿久津在上述的柯爾夫博士所屬的研究所研究人工心臟。為尋找合適的材料而絞盡腦汁，因為聚氯乙烯會引發凝血。在百般嘗試後發明了用聚胺酯和矽膠合成的新材料，創造了用空氣驅動的人工心臟。

人工血管用聚酯

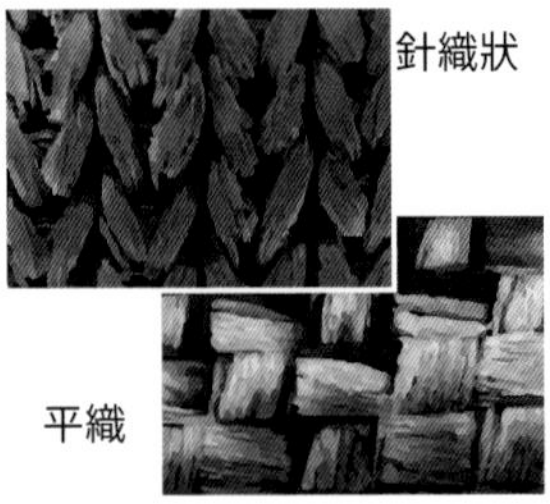
針織狀
平織

用聚酯纖維編成的管子可當成人工血管。血管內側具有可防止血液凝固的設計。

現在日本的人工心臟

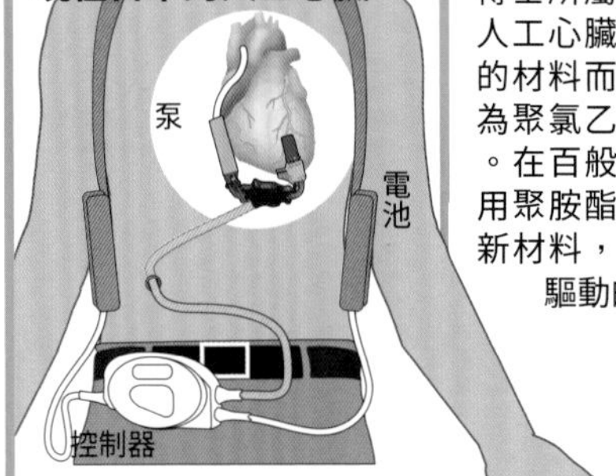
泵
電池
控制器

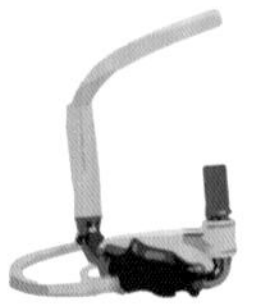

被用作心臟功能的輔助裝置。電池和控制器安裝在體外。

容易被人體接受的性質

要論塑膠最大的成就是什麼，那應該可以說是對醫療領域的貢獻。

過去用金屬或橡膠製造的醫療用具，現今幾乎都改用塑膠製。針筒、針管、點滴袋、導管等用品，為了預防感染，全都是用塑膠材質製造，而且用過即丟。而使這點成為現實的，則是工業用塑膠量產技術帶來的低成本生產。

不僅如此，塑膠也沒有天然材料容易引發的過敏問題，更克服了人體血液在接觸到異物後會凝固的性質，創造了更親近人體的新材料。

1945年，荷蘭的威廉・J・柯爾夫博士（Willem J. Kolff）用賽璐玢製的人工腎臟成功治療了腎功能不全的病患，成為史上首例。而這正是現在維繫著眾多腎臟病患者生命的人工透析治療的基礎。

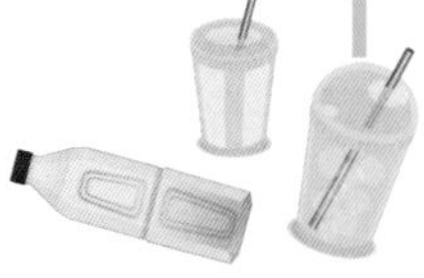

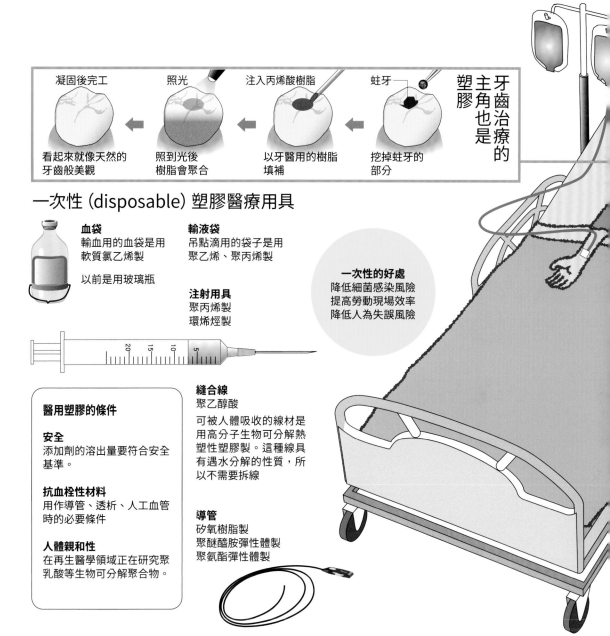

牙齒治療的主角也是塑膠

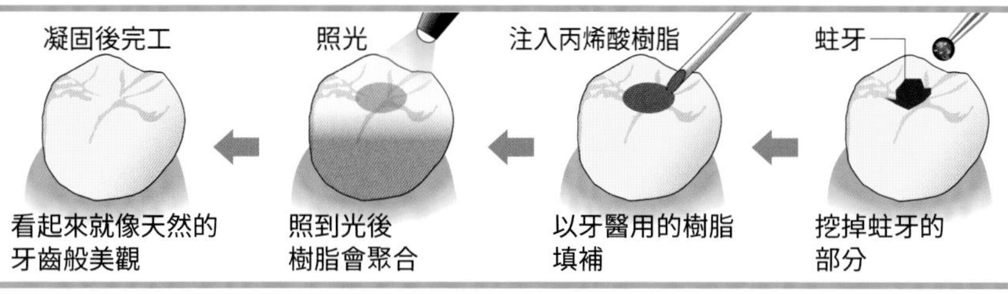
蛀牙
挖掉蛀牙的部分
注入丙烯酸樹脂
以牙醫用的樹脂填補
照光
照到光後樹脂會聚合
凝固後完工
看起來就像天然的牙齒般美觀

一次性（disposable）塑膠醫療用具

血袋
輸血用的血袋是用軟質氯乙烯製

以前是用玻璃瓶

輸液袋
吊點滴用的袋子是用聚乙烯、聚丙烯製

注射用具
聚丙烯製
環烯烴製

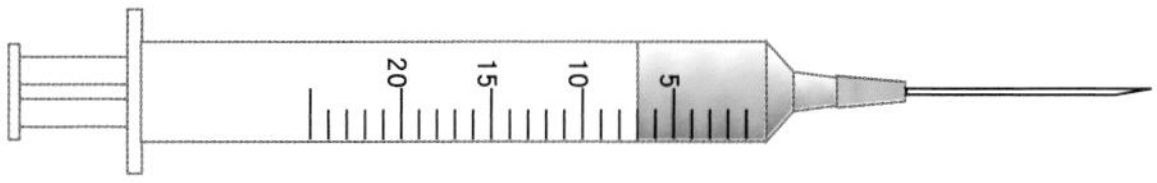
20
15
10
5

一次性的好處
降低細菌感染風險
提高勞動現場效率
降低人為失誤風險

醫用塑膠的條件

安全
添加劑的溶出量要符合安全基準。

抗血栓性材料
用作導管、透析、人工血管時的必要條件

人體親和性
在再生醫學領域正在研究聚乳酸等生物可分解聚合物。

縫合線
聚乙醇酸

可被人體吸收的線材是用高分子生物可分解熱塑性塑膠製。這種線具有遇水分解的性質，所以不需要拆線

導管
矽氧樹脂製
聚醚醯胺彈性體製
聚氨酯彈性體製

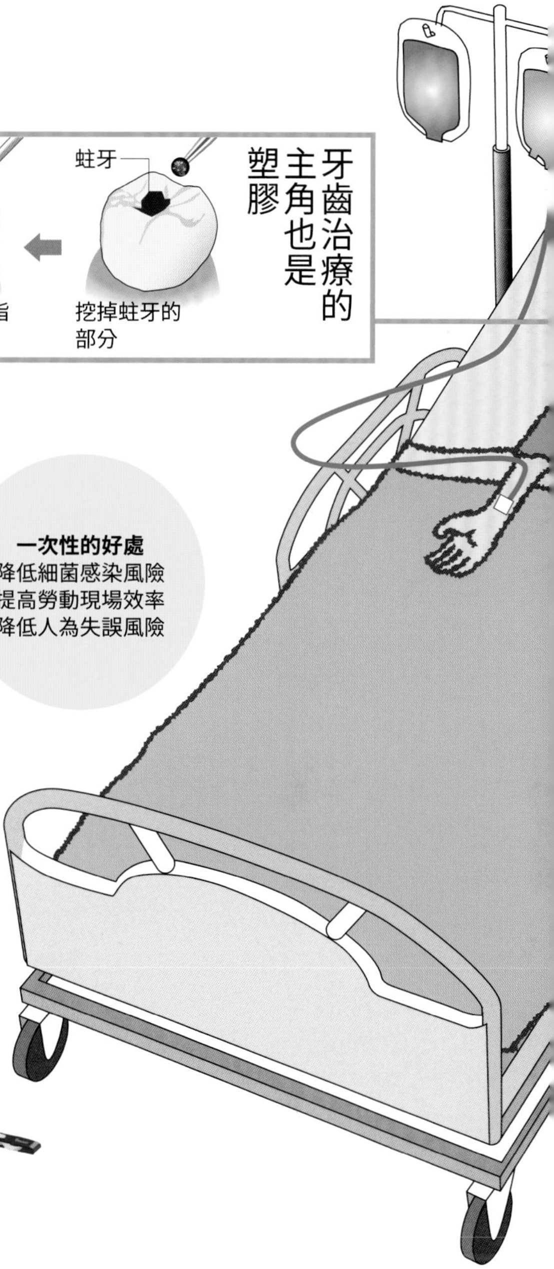

之後，日本醫師阿久津哲造跟著柯爾夫博士在美國繼續研究人工器官，於1958年成功設計出世界第一款人工心臟，並在動物實驗中取得成功。此時，用於人工器官的聚氯乙烯仍有導致血液凝固的問題。阿久津在不斷改良後，用一種由聚胺酯和矽膠合成的新材料取代聚乙烯。1981年，終於成功將人工心臟植入人體。

醫用塑膠的研發進展十分顯著，現在手術後用的縫合線也已開始使用可被人體吸收，不需要拆線的高分子生物可分解塑膠。

而更貼近生活的例子，則有照X光片時用的膠片、治療蛀牙所用的假牙和植體、眼鏡的鏡片和隱形眼鏡等，隨處可見塑膠帶來的恩惠。

過去用木頭或金屬製造的義肢，也在改用強化塑膠後獲得飛躍性的進化。專為運動員設計的高性能義肢，也為身障運動的發展做出了貢獻。

超市和超商帶來的塑膠包裝氾濫

食品用包膜誕生
1952年
美國莊臣推出放在盒子裡的捲筒式膜
由陶氏化學等公司製造
聚偏二氯乙烯
食物都用保鮮膜包覆
一切始於美國　超級市場在零售店革命中崛起
SUPER A&P MARKET
保鮮膜的誕生
自助式服務普及
進入顧客自己挑選商品的時代
日本則在60年代由旭化成開賣
並放在保麗龍製的托盤上
1970年代
1960年代
You're "company" when you come to A&P
過去用散裝販售的生鮮食品
微波包裝的研發
1950年代時作為軍用食品的技術被研發出來，60年代時日本也開始研究
鋁箔
PE
PEs
食品
熟食也能放的微波包裝
大量生產和消費的時代來臨
1967年用PE、鋁箔、PEs多層結構組成的微波包裝問世
ボンカレー
1969年，微波咖哩在日本全國上市
可在商品個別的包裝印上豔麗圖片的塑膠外膜大受歡迎
商品必須具有能吸引目光，讓人從貨架上拿起的醒目設計

改變飲食生活的塑膠

第二次世界大戰後，自助式超市開始在美國普及，日本的超市也在1960年代的高速成長期慢慢普遍。

不用到鮮魚店也能買到魚，不用到麵包店也能買到麵包，所有東西都能在一個地方全部買齊的超級市場的問世，大大改變了食品包裝的方式。要將商品大量陳列在貨架上讓顧客自己挑自己想買的品項，就必須要有印著商品資訊的包裝。

食品包裝也開始被要求具有隔絕空氣和水氣，確保內容物品質的功能。在此需求下開發出來的，就是具有優異密封性的塑膠軟膜。緊接著用於魚類和肉類的保麗龍托盤與透明托盤、即沖食品用的杯子、微波食物用的微波包裝等，各式各樣的塑膠製容器包裝也紛紛問世。

進入1970年代後，超市開始提供

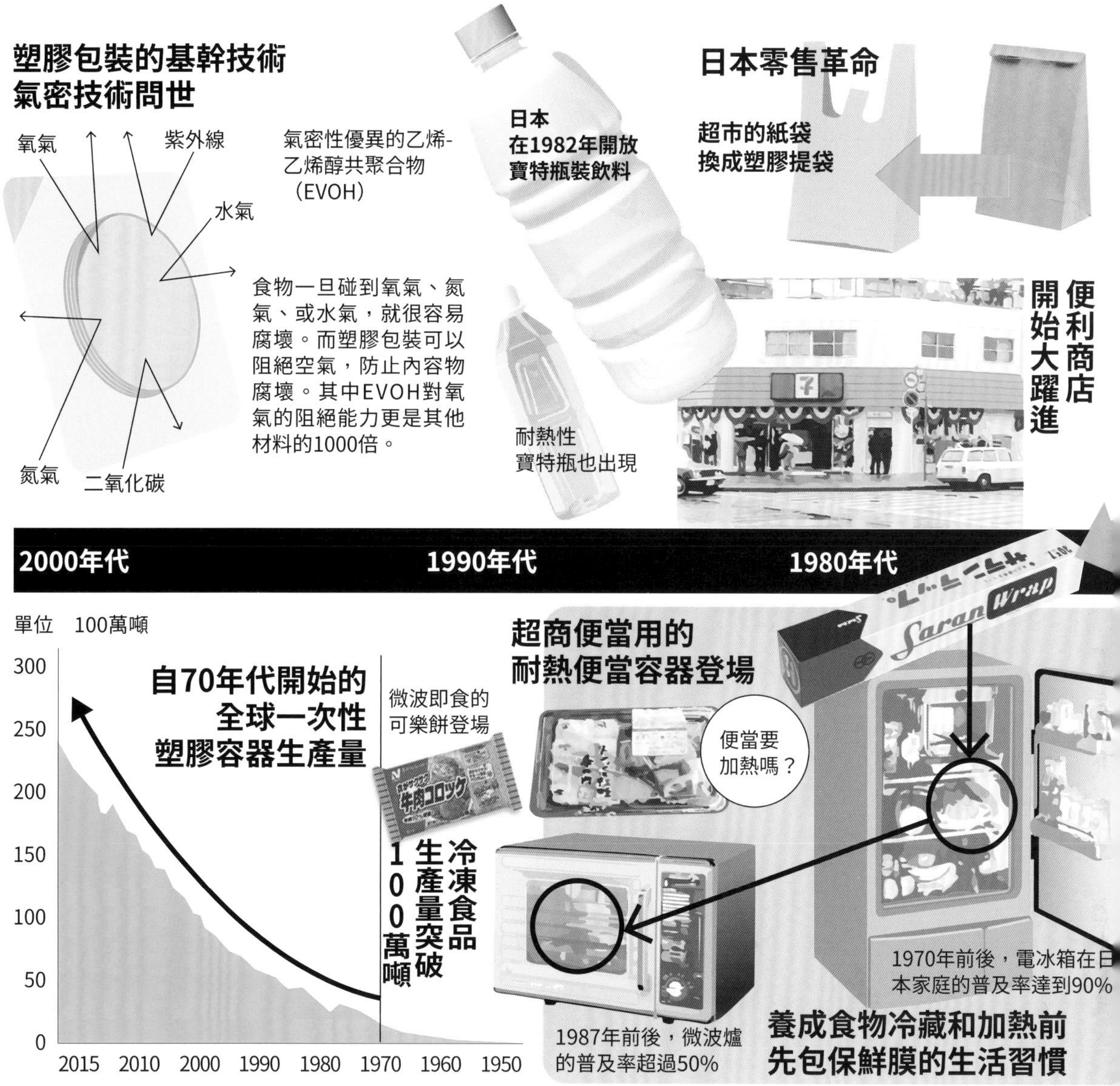
塑膠包裝的基幹技術
氣密技術問世
氧氣
紫外線
水氣
氮氣
二氧化碳
氣密性優異的乙烯-乙烯醇共聚合物（EVOH）
食物一旦碰到氧氣、氮氣、或水氣，就很容易腐壞。而塑膠包裝可以阻絕空氣，防止內容物腐壞。其中EVOH對氧氣的阻絕能力更是其他材料的1000倍。
日本
在1982年開放
寶特瓶裝飲料
耐熱性
寶特瓶也出現
日本零售革命
超市的紙袋
換成塑膠提袋
便利商店
開始大躍進
2000年代
1990年代
1980年代
單位　100萬噸
300
250
200
150
100
50
0
2015
2010
2000
1990
1980
1970
1960
1950
自70年代開始的
全球一次性
塑膠容器生產量
微波即食的
可樂餅登場
冷凍食品
生產量突破
100萬噸
超商便當用的
耐熱便當容器登場
便當要
加熱嗎？
Saran Wrap
1970年前後，電冰箱在日本家庭的普及率達到90%
1987年前後，微波爐的普及率超過50%
養成食物冷藏和加熱前
先包保鮮膜的生活習慣

塑膠製的提袋代替紙袋。也正是從這個時期開始，速食店的出現讓塑膠製的一次性飲料杯、吸管、湯匙等成為身邊常見的用具。

１９８０年代後，飲料用的寶特瓶開始出現。然後隨著便利商店和電子微波爐的普及，可直接放進微波爐加熱的耐熱便當容器也開始進入人們的視線。

日本從自己在家做飯、在餐桌上用餐的時代，進入了買便當、買配菜、買速食店外帶的時代。人們的飲食生活之所以如此大幅轉變，也跟女性進入職場後家事分工合理化，以及核心家庭增加後小孩子補習的習慣普遍化導致個人用餐現象增加等各種因素有關。

塑膠的容器包裝為這些人的生活帶來各種便利，並逐漸成長，到今日光在日本就有高達４０００億日圓規模的市場。然而，用過即丟的方便性的代價，就是我們現在不得不面對的大量垃圾。

我們生活的「人類世」地層中將充滿塑膠!?

滿足人類欲望的塑膠

回顧歷史可以發現，塑膠之所以會變得如此氾濫，是因為這種材料可以滿足社會的急速變化，具有出色的彈性和可變性。

塑膠對人類而言是一種非常易用的材料。不僅可以從石油中大量獲得，還能變化成無限接近人類理想的模樣。換句話說，這世上沒有比塑膠更能順應人類欲望的材料。

然而，塑膠有個巨大的缺點。那就是它們不能在自然界分解，即使經過很長的時間仍會持續殘留。

最近，科學家提出了一個名為「人類世（Anthropocene）」的全新地質時代概念。如同侏羅紀的地層發現了很多恐龍的化石，未來的人類，又或是未來將取代人類的智慧生物，恐怕將會在人類世的地層中挖出大量的塑膠吧。

人類只花了70年就改變了地層

根據地質學時代的分類，我們所生活的時代是俗稱新生代的第四紀全新世。全新世始於最後一個冰河期結束的１萬１７００年前左右，是人類實現長足發展的時代。

然而，２０００年2月，在討論地球環境變動的會議上，一位化學家表示「我們所生活的時代已經不是全新世，而是人類世」。這位化學家就是因臭氧層破洞研究而在１９９５年拿到諾貝爾化學獎的保羅・克魯岑。

人類世的意思，也就是屬於人類的全新時代。如果全新世是人類開始影響地球環境的時代，那麼人類世就是人類獲得可與大自然匹敵的強大力量的時代。而克魯岑認為這個時代始於１９５０年前後。

說起１９５０年，正好就是塑膠開始出現在人類生活的年代。而大量將有害化學物質排放到大氣，因核子實驗和核電廠事故導致放射性物質外洩，也都是可以代表人類世的事件。這些化學物質最終都會在地層中留下紀錄。實際上，有科學家調查東京皇居排水溝中堆積的淤泥發現，在江戶時代的地層還沒有任何發現的塑膠微粒，自１９５０年前後的地層便開始微量出現，到了２０００年的地層後數量便激增到10倍以上。

在地球46億年的歷史中，人類只花了短短70年就讓地球上充滿了塑膠這種物質。而現在也正是我們重新反省這種物質應有型態的時候。

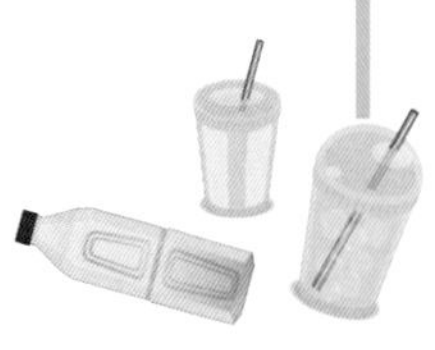

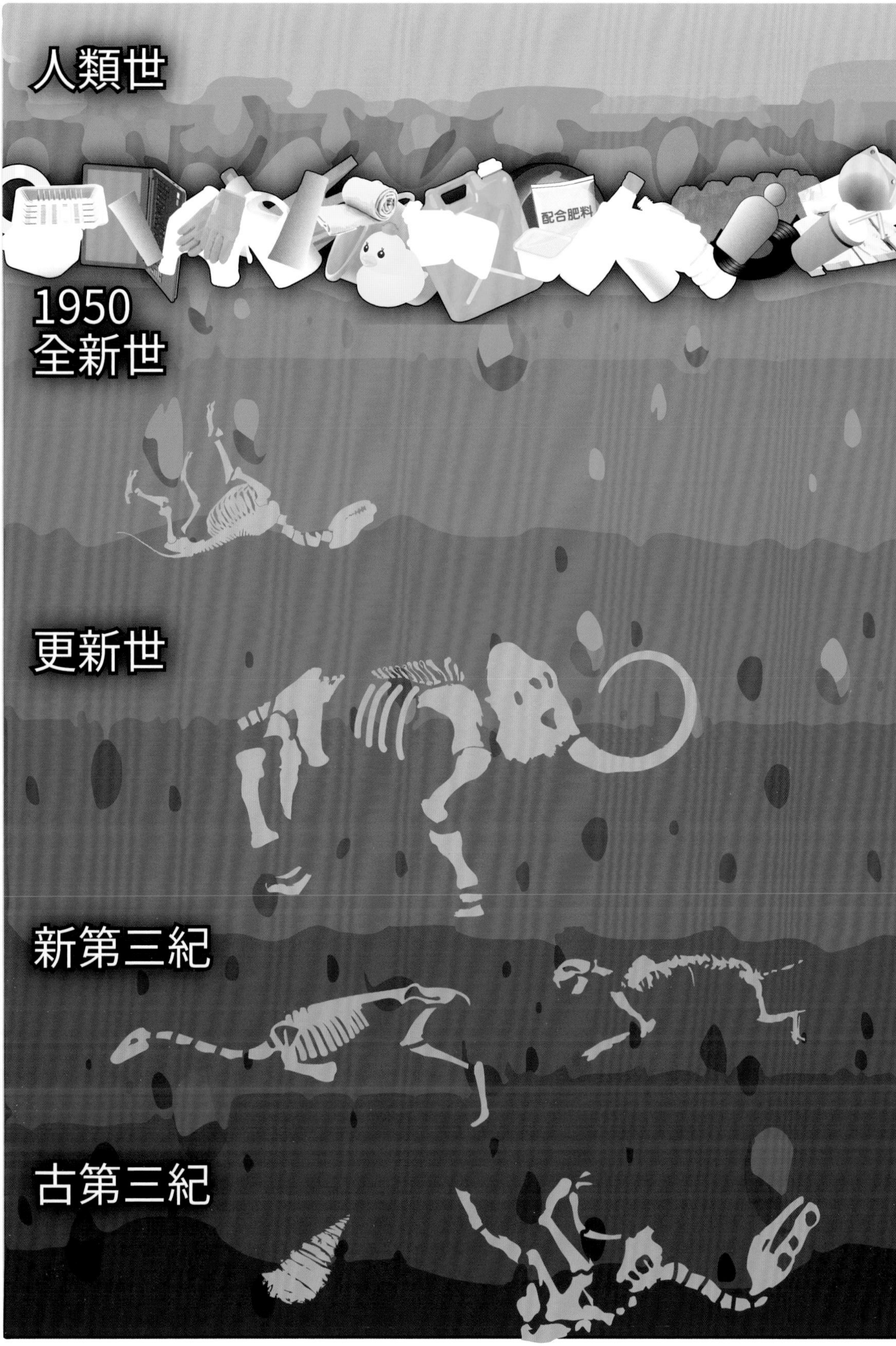
人類世
配合肥料
1950
全新世
更新世
新第三紀
古第三紀

結語

現在的我們該如何因應塑膠敲響的警鐘

19世紀以來，人類文明的進步急遽加速。而在背後推波助瀾的，正是能柔軟改變形狀填滿人類無止境欲望的塑膠材料。人類從自己親手創造的塑膠身上發現了更多欲望，繼而創造了更多新種類的塑膠。在後世的智慧生命看來，由塑膠堆砌而成的人類世地層，或許恰如人類欲望的墓碑吧。

在來到這片地層前，人類已幾度聽見警鐘響起。人類創造的最強大暴力核子戰爭的警鐘；過度依賴石油資源，導致全球暖化的警鐘；過度的資本主義給社會帶來的懸殊貧富差距和極端貧困的警鐘。

而每當警鐘敲響時，大多數人都只是冷眼看著那個敲響警鐘的人。不理解現實的理想主義毫無意義。誰會願意放棄眼下繁榮的經濟。漂亮話誰都會說，只是批評誰都辦得到。

而現在，名為塑膠危機的警鐘敲響了。如果連那個鐘都是塑膠做的話，那該有多麼諷刺。

可是，環顧一下自己的生活環境，就會知道這絕對不是無聊的玩笑。非洲的貧窮問題、全球暖化導致的氣候變遷，或許只要把眼睛閉上就看不到；但幾乎淹沒我們的家中，繁雜而混沌的塑膠製品卻是無從逃避的現實。另一方面，在超商買東西時我們可以選擇不拿塑膠袋，也是一個現實。

在此由衷期盼購讀本書的讀者們，都能從小地方做起，試著去改變自己的生活。

參考文獻

Production, use, and fate of all plastics ever made (R.Geyer, J.R.Jambeck, K.L.Law. Science Advances, July 2017)
SINGLE-USE PLASTICS A Roadmap for Sustainability (United Nations Environment Programme)
Improving Plastics Management : Trends, policy responses, and the role of international co-operation and trade (OECD)
《プラスチックスープの海(塑料海洋)》（查爾斯・摩爾、卡桑德拉・菲利普斯 著，NHK出版刊）
《ナショナル ジオグラフィック日本版 2018年6月号 海を脅かすプラスチック(國家地理雜誌日本版2018年6月號 危害海洋的塑膠)》（日經國家地理雜誌刊）
《ゼロ・ウェイスト・ホーム(我家沒塑膠)》（貝亞・強森 著，アノニマ・スタジオ刊）
《プラスチック・フリー生活(無塑生活)》（香朵・普拉蒙登、傑伊・辛哈著，NHK出版刊）
《ゴミポリシー 燃やさないごみ「ゼロ ウェイスト」ハンドブック(垃圾政策　不燒垃圾「零廢棄」手冊)》（羅賓・穆禮 著，築地書館刊）
《世界史を変えた新素材(改變世界史的新材料)》（佐藤健太郎 著，新潮社刊）
《炭素文明論(碳文明論)》（佐藤健太郎 著，新潮社刊）
《人新世とは何か(人類世是什麼)》（Christophe Bonneuil、Jean-Baptiste Fressoz著，青土社刊）
《fash'un PLASTICS》（ロックマガジン社刊）
《SUPER サイエンス プラスチック知られざる世界(超級科學 關於塑膠不為人知的世界)》（齋藤勝裕 著，シーアンドアール研究所）
《図解入門 よくわかる最新プラスチックの仕組みとはたらき(圖解入門 超詳細最新塑膠原理與作用)》（桑嶋幹、木原伸浩、工藤保広 著，秀和システム刊）
《プラスチックを取り巻く国内外の状況(國內外塑膠環境概況)》（平成30年8月，日本環境省）
《エピソードと人物でつづる おもしろ化学史(故事與人物 有趣的化學史)》（竹内敬人 監修，日本化学工業協會刊）

參考網站

聯合國新聞中心● https://www.unic.or.jp/
Plastics Europe ● https://www.plasticseurope.org/en
Our World in Data ● https://ourworldindata.org/
維基百科● https://ja.wikipedia.org/
一般社團法人 塑膠循環利用協會● https://www.pwmi.or.jp/
公益財團法人 日本容器包裝回收協會● https://www.jcpra.or.jp/
一般社團法人產業環境管理協會 資源回收促進中心 ● http://www.cjc.or.jp/
日本生物塑膠協會● http://www.jbpaweb.net/
塑膠圖書館● http://www.pwmi.jp/tosyokan.html
International Pellet Watch Japan ● http://pelletwatch.jp/micro/
J-STAGE ● https://www.jstage.jst.go.jp/
日本貿易振興機構（JETRO）● https://www.jetro.go.jp/
國家地理雜誌（日本版）● https://natgeo.nikkeibp.co.jp/
Forbes Japan ● https://forbesjapan.com/articles/detail/27549
ニュースウィーク日本版● https://www.newsweekjapan.jp/
AFPBB News ● https://www.afpbb.com/articles/-/3233887
Less Plastic Life ● https://lessplasticlife.com/
WWF ジャパン● https://www.wwf.or.jp/
Sustainable Japan ● https://sustainablejapan.jp/
SUSTAINABLE BRANDS JAPAN ● https://www.sustainablebrands.jp/
UNPACKAGED ● https://www.beunpackaged.com/
NEGOZIO LEGGERO ● http://www.negozioleggero.it/
Original Unverpackt ● https://original-unverpackt.de/
Glo Tech Trends ● https://glotechtrends.com/
東麗株式會社● https://www.toray.co.jp
日本可口可樂株式會社● https://www.cocacola.co.jp/sustainability/world-without-waste
波音公司● https://www.boeing.com/
杜邦公司● https://www.dupont.com/
萬博紀念公園● https://www.expo70-park.jp/
太陽工業株式會社● https://www2.taiyokogyo.co.jp/expo/fuji.html
深海 Debris Database ● http://www.godac.jamstec.go.jp/catalog/dsdebris/metadataList
WIRED ● https://wired.jp/
Precious Plastic ● https://preciousplastic.com/
ICIS ● https://www.icis.com/

索引

數字・英文

依筆劃

InfoVisual 研究所

代表大嶋賢洋爲中心的多名編輯、設計與CG人員從2007年開始活動，編輯、製作並出版了無數視覺內容。主要的作品有《插畫圖解伊斯蘭世界》（暫譯，日東書院本社）、《超級圖解 最淺顯易懂的基督教入門》（暫譯，東洋經濟新報社），還有「圖解學習」系列的《智人的祕密》、《從14歲開始學習 金錢說明書》、《從14歲開始認識AI》、《從14歲開始學習 天皇與皇室入門》、《從14歲開始認識互相影響與相連的全球世界史》、《從14歲開始了解人類腦科學的現在與未來》、《從14歲開始學習地政學》（暫譯，皆爲太田出版）等。

企劃・結構・執筆　豊田 菜穂子
圖解製作　大嶋 賢洋
插圖、圖版製作　高田 寛務
插圖　みのじ
　二都呂 太郎
封面設計・DTP　玉地 玲子
校正　鷗来堂

ZUKAI DE WAKARU 14SAI KARA NO PLASTIC TO KANKYOUMONDAI

Originally published in Japan in 2019 by OHTA PUBLISHING COMPANY,TOKYO.
Traditional Chinese translation rights arranged with OHTA PUBLISHING COMPANY ., TOKYO, through TOHAN CORPORATION, TOKYO.

SDGs 系列講堂 **跨越國境的塑膠與環境問題**
爲下一代打造去塑化地球我們需要做的事！

2022年 5 月 1 日初版第一刷發行
2024年 9 月 1 日初版第三刷發行

著　　者　InfoVisual 研究所
譯　　者　陳識中
編　　輯　曾羽辰、吳元晴
發 行 人　若森稔雄
發 行 所　台灣東販股份有限公司
＜地址＞台北市南京東路 4 段 130 號 2F-1
＜電話＞（02）2577-8878
＜傳眞＞（02）2577-8896
＜網址＞ https://www.tohan.com.tw
郵撥帳號　1405049-4
法律顧問　蕭雄淋律師
總 經 銷　聯合發行股份有限公司
＜電話＞（02）2917-8022

國家圖書館出版品預行編目（CIP）資料

跨越國境的塑膠與環境問題：爲下一代打造去塑化地球我們需要做的事!/InfoVisual研究所著；陳識中譯. -- 初版. -- 臺北市：臺灣東販股份有限公司, 2022.05
96面；18.2×25.7公分. -- (SDGs系列講堂)
ISBN 978-626-329-216-1(平裝)

1.CST: 塑膠 2.CST: 環境汙染 3.CST: 環境保護

445.99　　111004422